“十三五”普通高等教育本科部委级规划教材

图解服装裁剪与制板技术

袖型篇

郭东梅　孙鑫磊　编著

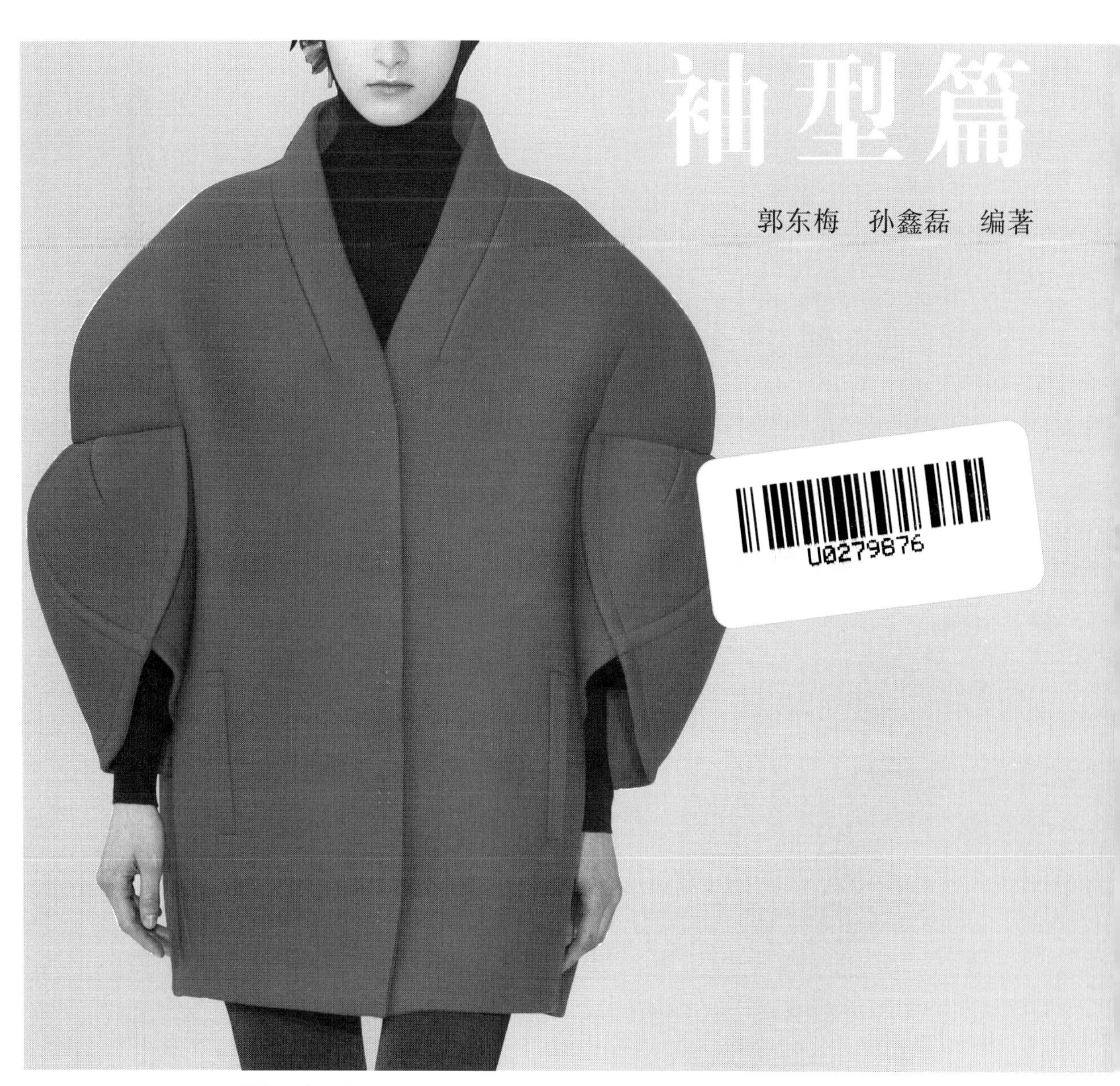

中国纺织出版社

内容提要

本书以人体特征与运动机能为基础，详细阐述袖型的构成原理，综合应用比例制图法与新文化式原型制图法，深入讲解各类服装袖型的制图原理与方法。结构合理、条理清晰、图文并茂，所选大部分案例均制成坯布样衣，读者可直观感受平面结构与立体成衣之间的转换关系。

本书是服装制板师的良师益友，也同样适合服装从业人员、服装院校师生以及服装爱好者学习与参考。

图书在版编目（CIP）数据

图解服装裁剪与制板技术. 袖型篇 / 郭东梅，孙鑫磊编著. --北京：中国纺织出版社，2019.2

“十三五”普通高等教育本科部委级规划教材.服装实用技术. 应用提高

ISBN 978-7-5180-5709-2

Ⅰ.①图… Ⅱ.①郭… ②孙… Ⅲ.①服装量裁—高等学校—教材②服装缝制—高等学校—教材 Ⅳ.①TS941.63

中国版本图书馆CIP数据核字（2018）第272080号

策划编辑：李春奕　　责任编辑：谢婉津　　责任校对：楼旭红
责任设计：何　建　　责任印制：王艳丽

中国纺织出版社出版发行
地址：北京市朝阳区百子湾东里A407号楼　邮政编码：100124
销售电话：010—67004422　传真：010—87155801
http：//www.c-textilep. com
E-mail: faxing@c-textilep. com
中国纺织出版社天猫旗舰店
官方微博 http：//weibo.com/2119887771
北京玺诚印务有限公司印刷　各地新华书店经销
2019年2月第1版第1次印刷
开本：889 × 1194　1/16　印张：8
字数：160千字　定价：36.00元

前　言

袖子是服装的重要部件，袖型的美观与舒适直接影响一件服装的成败。在长期教学实践中，常常碰到学生困惑，为什么款式图画的是这样的，照着结构图做出来的却是另外一个样，这源于学生不明白结构图变成成衣还要受到面料、体型、工艺水平的影响。同样的结构图，当面料发生变化，服装廓型就可能发生变化；当体型发生变化，服装廓型美感就可能发生变化；当操作者的归、拔、推的工艺水准存在差异，服装造型也有可能存在差异。因此，为了能够让读者直观感受平面结构与立体成衣之间的转换关系，本书大部分案例作者均用坯布缝制，鉴于工艺水平和坯布特点，有些袖型结构未能完全体现，还请读者见谅。

本书共分七章，第一章、第二章以人体特征与运动机能为基础，通过坯布样衣对比实验，详细分析了袖型的构成原理。第三章至第七章则将比例制图法与新文化式原型制图法综合应用，用图解案例的方式讲解了无袖、装袖、连身袖、分割袖和组合袖型的制图，以便读者掌握各种袖型的制作方法。

本书第一章第一节由孙鑫磊编写，其余章节由郭东梅编写。

本书为作者在工作之余完成，难免仓促，不足之处还请读者指正见谅。在此，致以诚挚谢意！

编著者

2018年7月

目 录

第一章　服装袖型设计基础知识

第一节　服装袖型设计基础

中国人喜欢将国家最高领导人称为“领袖”，可见在中国服饰文化中领子和袖子是何等重要。袖子是包覆人体肩部与手臂的服装部位，袖子的造型直接影响着服装的整体造型与风格，是服装设计中尤为重要的部分。了解袖子的作用、分类、设计要点有助于更好地进行袖型设计。

一、袖子的作用

在现代服装设计中，袖子主要具有保护、体型修饰和装饰等功能。

（一）袖子的保护作用

袖子的保护作用主要体现在袖子可以保护人体，使人体免受严寒的侵袭、蚊虫的叮咬、外物的伤害或酷日的炙烤等（图1–1–1～图1–1–3）。

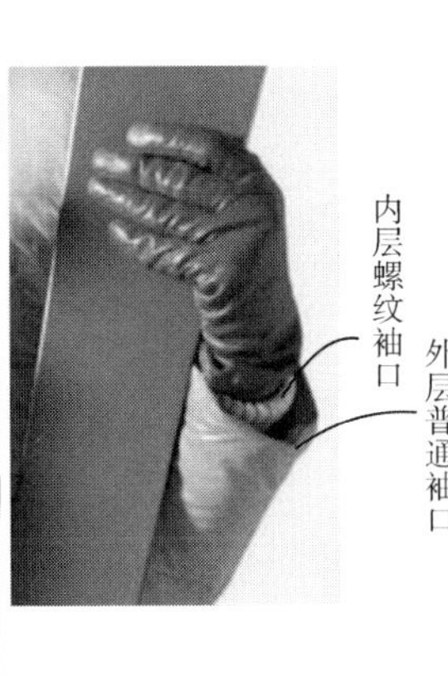

图1–1–1　滑雪服——双层袖口设计

滑雪服采用双层袖口设计，使寒风不能灌入袖口，雨雪无法浸湿内层衣物，保护人体不受严寒的伤害。

图1–1–2　橡胶无缝防护服——袖子与手套连接设计

为了最大限度地防止有毒物质伤害人体，袖子与手套采用连接设计。

图1-1-3 阿拉伯长袍——宽松的袖子

人行走时，宽松的袖子形成风箱效应，既使人体免受沙漠地区酷日的炙烤，也保证了服装内的空气流动，实现散热的目的。

（二）袖子的体型修饰作用

人类对美的追求是永恒的主题，但是人体总是有各种各样的缺憾，如肩背部高低不一致、手臂太粗等问题，科学合理的袖型设计可以帮助修饰人体。

如图1-1-4所示，高低肩的人，可以在服装肩部添加左右不等厚的垫肩，然后配合袖型的设计实现人体修饰。

如图1-1-5所示，中老年女性随着年龄的增加，手臂肌肉松弛，前后腋部脂肪累积，会形成难看的蝴蝶型手臂，夏季穿无袖服装不美观，通过合适的袖型设计则能够适当遮盖手臂最粗处，起到修饰人体的作用。

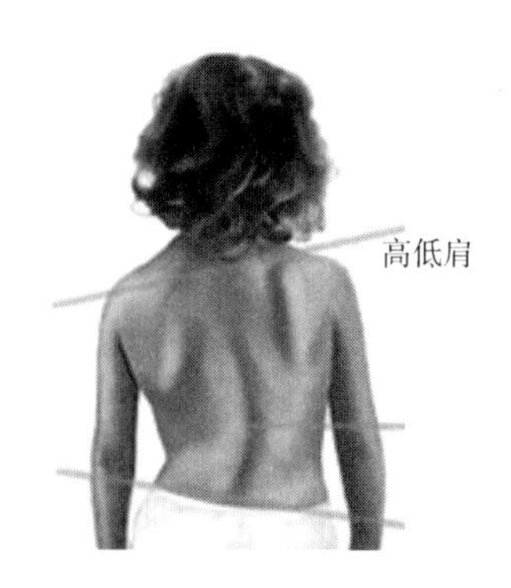

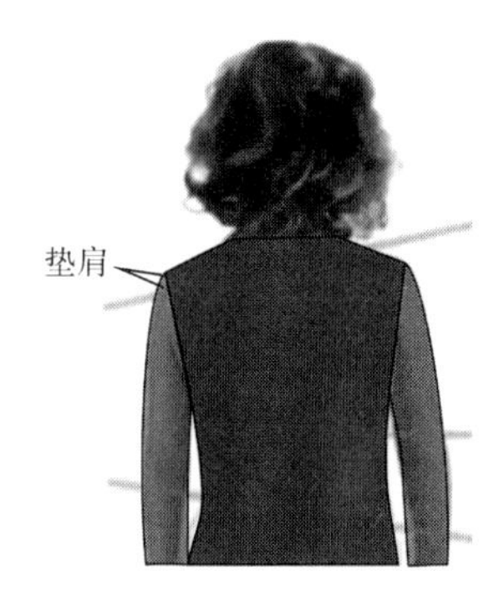

图1-1-4 高低肩肩部修饰

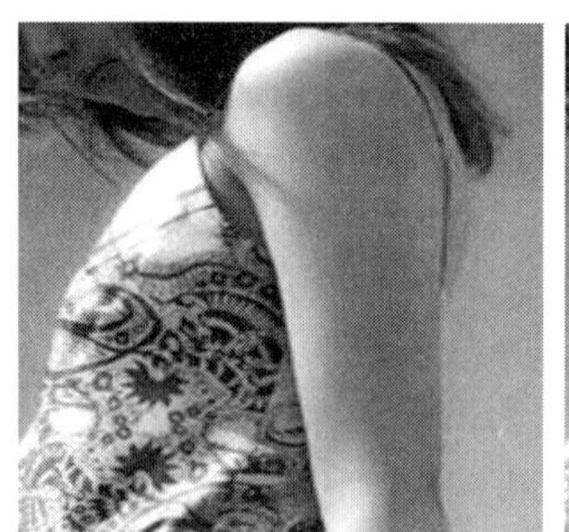

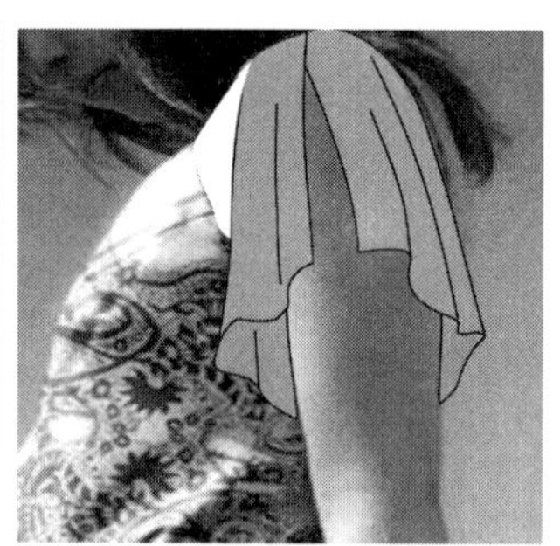

图1-1-5 蝴蝶型手臂修饰

（三）袖子的装饰作用

袖子的装饰作用毋庸置疑，不同的袖型会呈现不同的风格，如图1-1-6所示，袖山饱满、袖身合体的圆装袖严谨端庄；泡泡袖轻快可爱；喇叭袖飘逸；宽松的插肩袖休闲；火腿袖隆重。

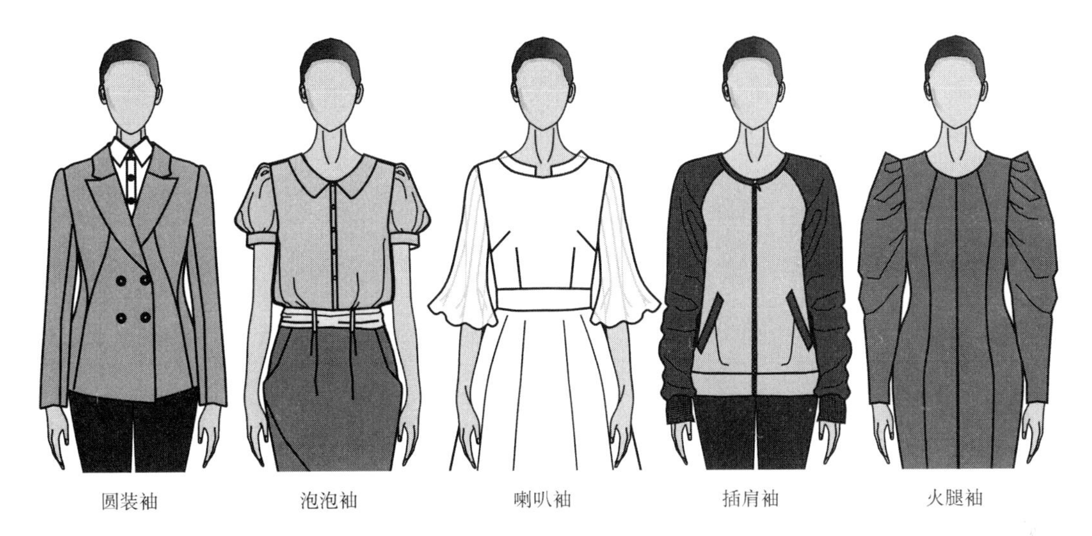

图1-1-6　不同袖型的风格差异

设计师可以通过改变袖子的宽松度、袖山和袖身的造型、衣身和袖子的关系，甚至领子和袖子的关系，将褶皱、分割、省道等手法充分地运用在袖子造型中，设计出千变万化的袖子款式来，根据服装整体风格的需要，对人体进行各种美的、怪异的、个性的装饰，如图1-1-7所示。

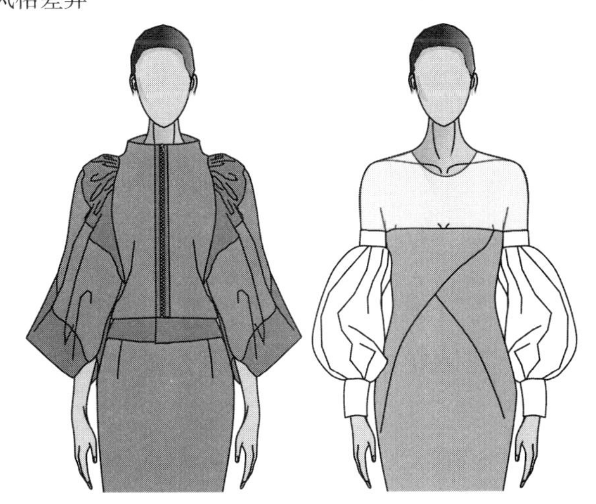

图1-1-7　袖型的夸张装饰

二、服装袖型的分类

服装袖型的分类方法多种多样，了解袖型分类，有助于区分不同袖型的结构特征，设计时做到有的放矢。一般来讲，袖型主要有以下分类方法。

（一）按袖型长度分类

袖型按长度进行分类，可分为长袖、中袖、短袖和无袖,如图1-1-8所示。

1.长袖

长袖是指衣袖长度在腕关节及以下的袖型。

2.中袖

中袖是指衣袖长度在肘部至腕关节之间的袖型，根据其长度不同，可再细分为五分袖、六分袖、七分袖、八分袖和九分袖等。

3.短袖

短袖是指衣袖长度从肩端点到肘部之间的袖型。

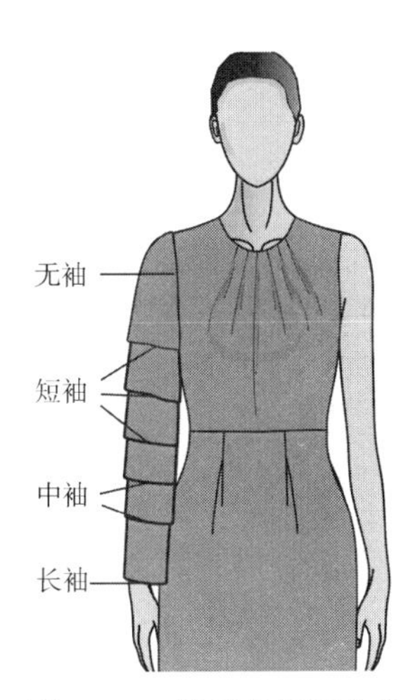

图1-1-8　袖子的长度分类

4.无袖

无袖是指只有衣身袖窿，没有袖子结构的袖型。

（二）按袖山与衣身的关系分类

袖型按袖山与衣身的相互关系可分为装袖、连身袖和分割袖三种基本结构。在基本结构上加以抽褶、垂褶、波浪等造型手法即可以形成变化结构。

1.装袖

装袖的袖山形状为不同程度的圆弧型，与袖窿缝合组装成衣袖。装袖的袖山形态不同，会呈现不同的风格，如有袖山饱满的西装袖，有袖山平坦的肩压袖，也有居于两者之间的普通衬衣袖，也有人根据袖山饱满程度的不同将装袖分为圆装袖和平装袖，如图1-1-9所示。

2.连身袖

连身袖是将袖山与衣身组合连成一体形成的衣袖结构，连身袖的袖身部分可以局部或者全部与衣身相连，如图1-1-10所示。合体的连身袖，仅大袖的袖山与衣身相连，小袖与衣身分离；宽松的蝙蝠袖，其袖山、袖身均与衣身相连。

圆装袖

平装袖

图1-1-9　装袖

合体的连身袖

宽松的蝙蝠袖

图1-1-10　连身袖

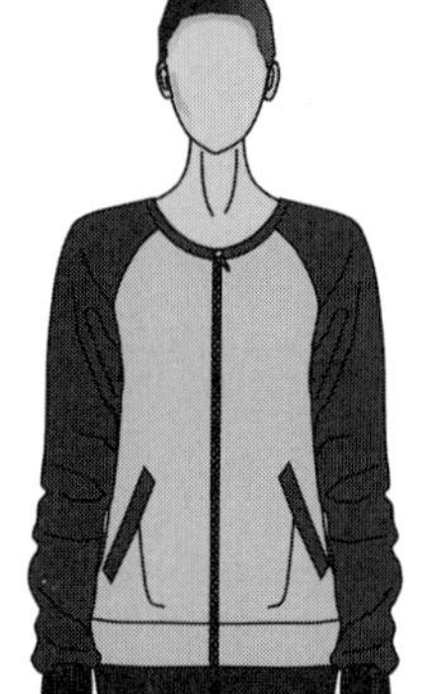

插肩袖

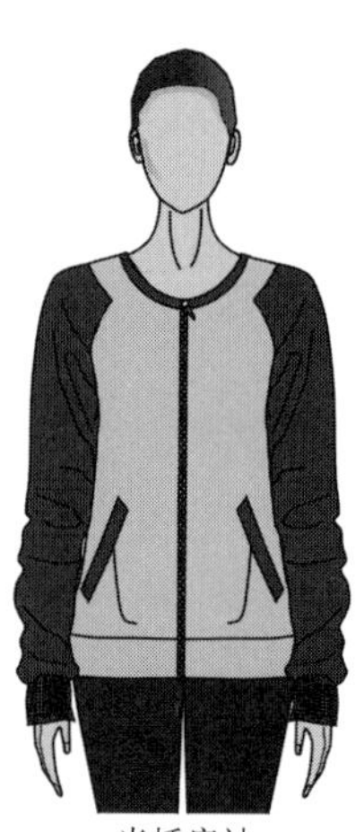

半插肩袖

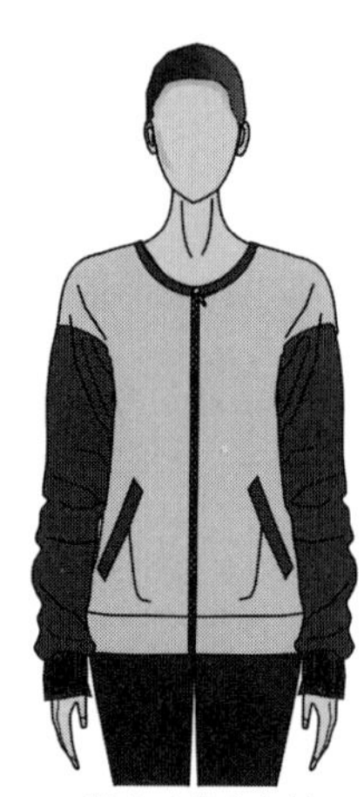

覆肩（落肩）袖

图1-1-11　分割袖

3.分割袖

分割袖是在连身袖的结构基础上，按结构将衣身和衣袖重新分割、组合，形成新的衣袖造型。按造型线分类可分为插肩袖、半插肩袖、覆肩（落肩）袖，如图1-1-11所示。

4.变化袖型

将抽褶、垂褶、波浪等造型运用于上述基本结构中，或将上述基本袖型结构组合设计即形成了丰富的结构变化。如在袖山、袖口部位单独或者同时抽缩，形成抽褶袖；在袖口部位拉展、扩张形成飘逸的波浪袖；在袖山部位折叠，袖中线处拉展形成自然的垂褶袖；在袖山、袖身中做褶裥，形成有立体感的褶裥袖；在袖山上做省道，使部分袖山套入肩部形成的收省袖，如图1–1–12所示。

图1–1–12　变化袖型

（三）按袖身形态分类

袖型按袖身形态可以分为直身袖和弯身袖，如图1–1–13所示。

1.直身袖

直身袖是指袖身呈直线的袖型，因为不符合人体手臂前倾弯曲的形态，所以大多用于合体度要求不是很高的服装，大多数衬衫会采用直身袖结构，当然如果用针织面料制作，也可满足合体的要求。

2.弯身袖

弯身袖是指从侧面观察，袖身随人体手臂的形态呈现向前弯曲的形态，常用于合体度要求高的服装。

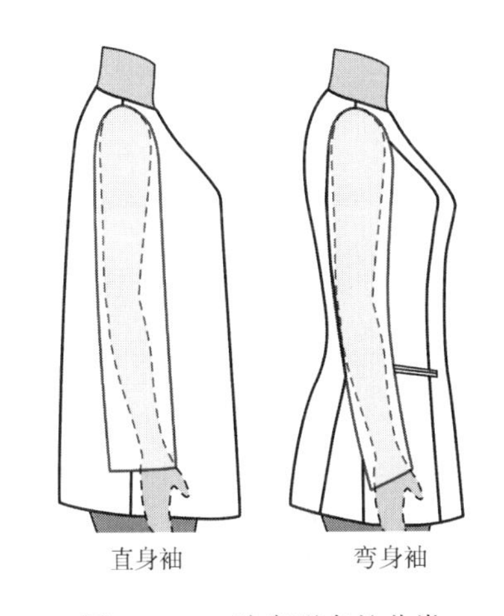

图1–1–13　袖身形态的分类

三、服装袖型的设计要点

基于第一节所阐述袖子的功能，服装袖型设计需要注意以下要点，即人体的差异、袖子的美观性、袖子的运动舒适性。

（一）人体的差异

服装设计需要以人为本，人体是设计服装袖型的基本依据。人体手臂有粗细之别、长短之别、弯直之别、偏前偏后之别，在进行造型设计时，要扬长避短，在进行结构设计时，要仔细观察，区别对待。

（二）袖子的美观性

袖子作为服装的重要部件之一，其造型的美观性直接影响到服装整体造型的美观性。与服装整体风格协调的、美观的袖型会令人眼前一亮。

（三）袖子的运动舒适性

手臂是人类工作学习生活的重要肢体部分，日常生活中人们会进行前抬臂、上抬臂、抱臂和后伸等基本动作。当人体进行这些基本动作时，袖子和衣身会对人体造成牵扯，影响人体的运动舒适性。

在合体袖型设计中，袖子的静态美观性和运动舒适性之间在一定程度上呈反比关系，静态美观性好的袖子，运动舒适性相对较差；运动舒适性好的袖子，静态美观性相对较差。在进行袖型结构设计时，特别需要了解设计对象的穿着环境和活动状况，如制服设计中，迎宾员的袖型结构可紧窄一些，以美观性为主；收银员的袖型结构应兼顾舒适性和美观性；前台服务员的袖型结构就可宽松一些，以运动舒适性为主。

第二节　服装结构制图部位代号与符号

一、制图主要部位代号

为了简化制图标注，国际上常用人体部位或结构图部位的英文单词首字母作为代号，如表1-2-1所示。

表1-2-1　制图主要部位代号

序号	中文	英文	代号
1	胸围	Bust	B
2	腰围	Waist	W
3	臀围	Hip	H
4	领围	Neck	N
5	总肩宽	Shoulder	S
6	长度	Length	L
7	袖长	Sleeve Length	SL
8	袖窿弧长	Arm Hole	AH
9	前袖窿弧长	Front Arm Hole	FAH
10	后袖窿弧长	Back Arm Hole	BAH
11	立裆长	Crotch	CR
12	胸高点	Bust Point	BP
13	颈后中心点	Back Neck Point	BNP
14	前颈窝中心点	Front Neck Point	FNP
15	侧颈点	Side Neck Point	SNP
16	肩端点	Shoulder Point	SP

续表

序号	中文	英文	代号
17	领围线	Neck Line	NL
18	胸围线	Bust Line	BL
19	腰围线	Waist Line	WL
20	中臀围线（腹围线）	Middle Hip Line	MHL
21	臀围线	Hip Line	HL
22	袖肘线	Elbow Line	EL
23	膝围线	Knee Line	KL

二、制图符号说明

为了保证企业各环节沟通顺畅，服装行业对制图符号做了较为严格的规定，具体如表1-2-2所示。

表1-2-2 制图符号

序号	名称	符号	说明
1	轮廓线		粗实线，线的宽度为0.5～1mm，标识样板的完成线
2	辅助线		细实线，线的宽度为粗实线的一半
3	挂面位置线(贴边线)		长短线，线条宽度与粗实线相同
4	对称线		点划线，表示裁片在此处对称
5	翻折线		表示裁片沿线翻折
6	净缝线		短虚线，也称缝纫机针脚线，有时也用于表示明线
7	等分线		用于将某部位划分成若干相等距离
8	布纹符号		也称为经向符号，箭头的方向为面料的经向
9	顺向符号		表示毛绒或者图案的倒顺方向
10	归缩符号		表示裁片在此部位归缩
11	拔开符号		表示裁片在此部位拉伸
12	缩缝符号	缩缝	表示裁片在此部位缝合时缩缝
13	收碎褶符号	收碎褶	表示在此部位缝合时收成碎褶
14	直角符号		表示两线相交为直角

续表

序号	名称	符号	说明
15	拼合符号		表示两片纸样需要在此部位合并
16	相同符号	# * △ ▲ ◇ ● ◎ ★ ☆ //······	表示相关部位尺寸相同
17	省略符号		表示长度较长，尺寸一样，但在结构图无法全部画出的部分
18	扣位及扣眼位		表示钉扣子的位置或扣眼的位置
19	拉链缝至位置		表示拉链缝合结束的位置
20	褶裥符号	倒褶 凹褶 凸褶	表示收褶的形式，斜线的方向表示褶的方向

第三节　新文化式原型简介

正如人体的手臂与躯干相关联一样，服装的袖型结构与衣身关系密切，为便于讲解袖型结构，本书衣身制图主要采用了新文化式原型制图法。

新文化式原型由日本文化服装学院设计，是其研发的第八代原型，只需净胸围、背长和臂长三个净体尺寸，所选择的实验对象为日本文化女子大学学生，以净胸围*B*为主要参数，属于胸度式原型，胸围放松量为12cm，腰围放松量为6cm。

衣身制图如图1-3-1、图1-3-2所示，图中*B*表示人体的净胸围，*W*表示人体的净腰围。

原型衣身缝制后效果如图1-3-3所示，新文化式原型结构图的人体数据多采用的是年轻女性，站姿测量时，人体挺拔，所以袖窿省较大，前后腰节长的差量较大，腰部合体，前后肩部，特别是后肩部在袖窿处有较为明显的松量。

袖子制图如图1-3-4～图1-3-6所示。袖子制图前需要将前片袖窿省道合并，如图1-3-4所示，袖山高占前后袖窿深均值的5/6。

原型袖子与衣身缝合后的形态如图1-3-7所示。

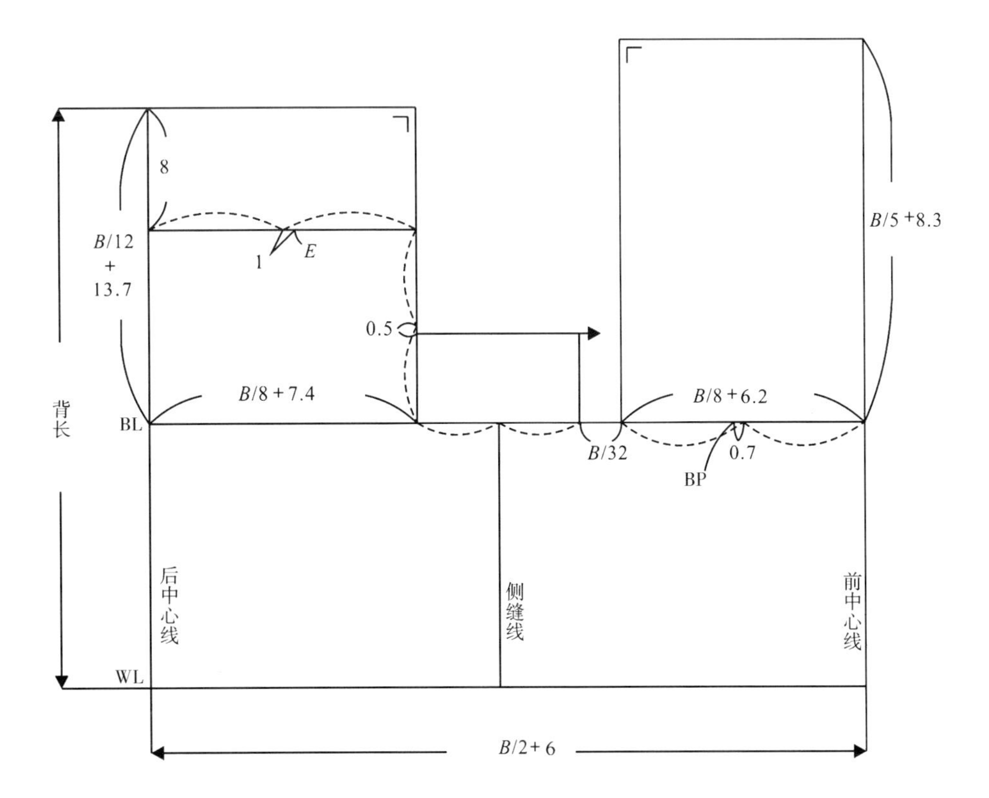

图1-3-1 原型衣身框架

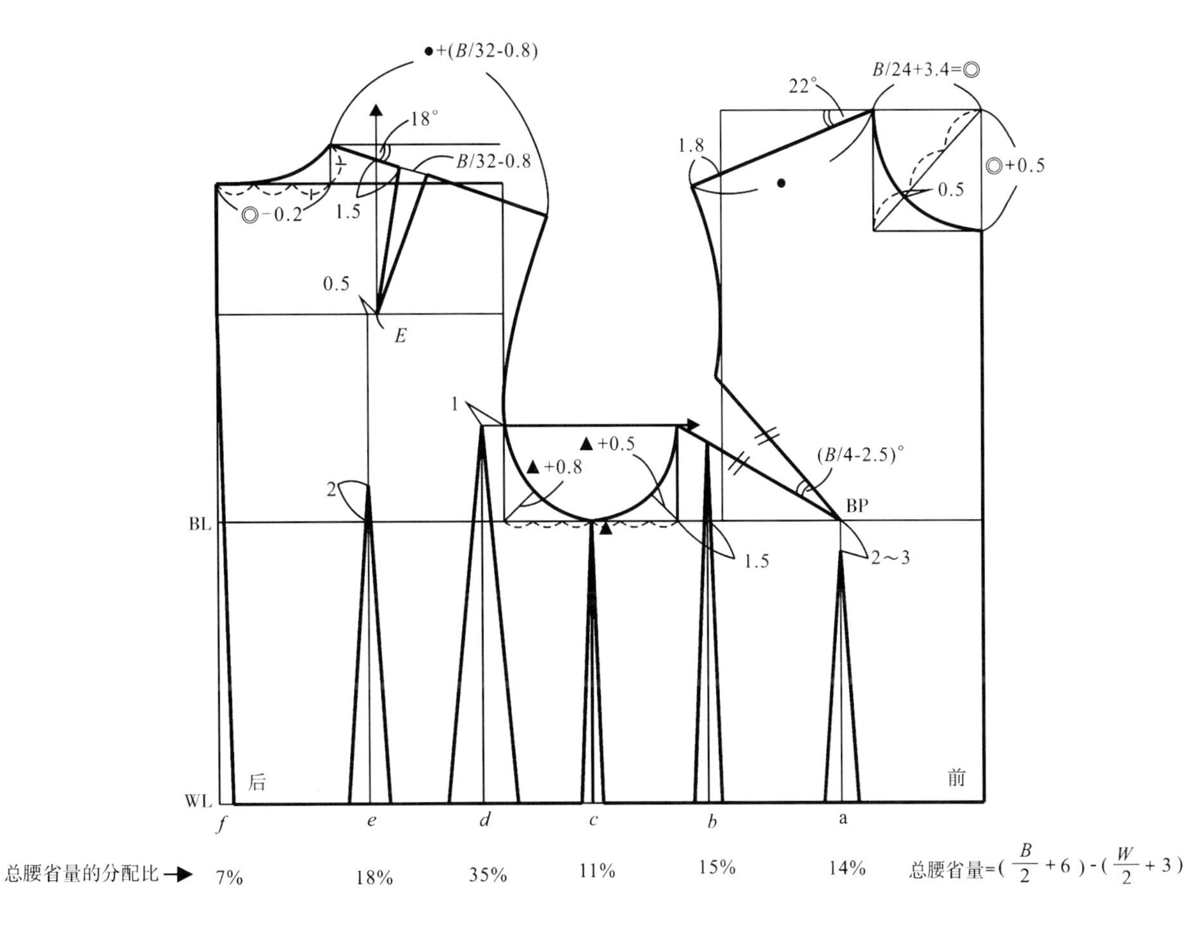

图1-3-2 原型衣身完成

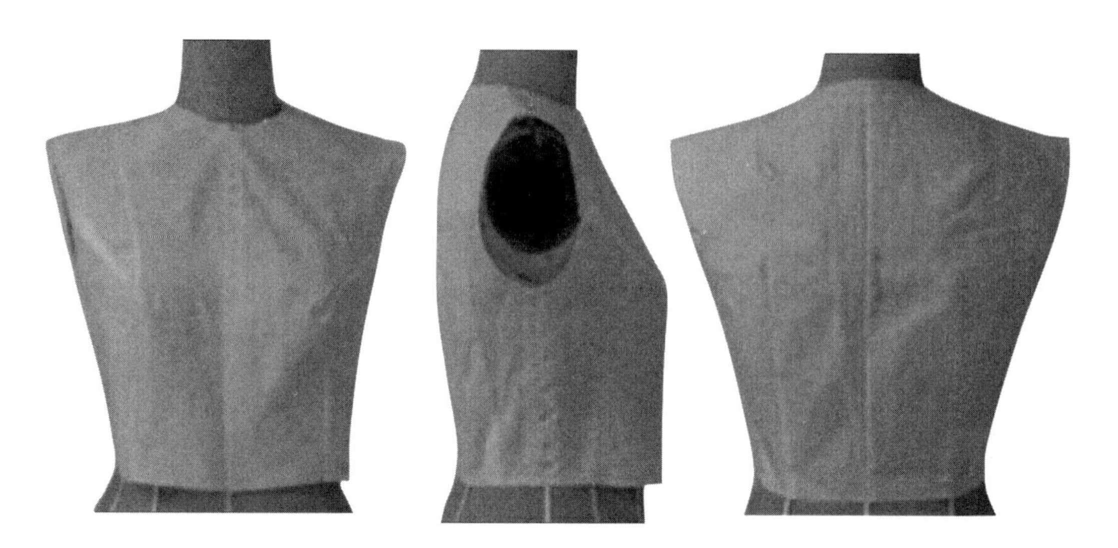

图1-3-3 原型衣身样衣

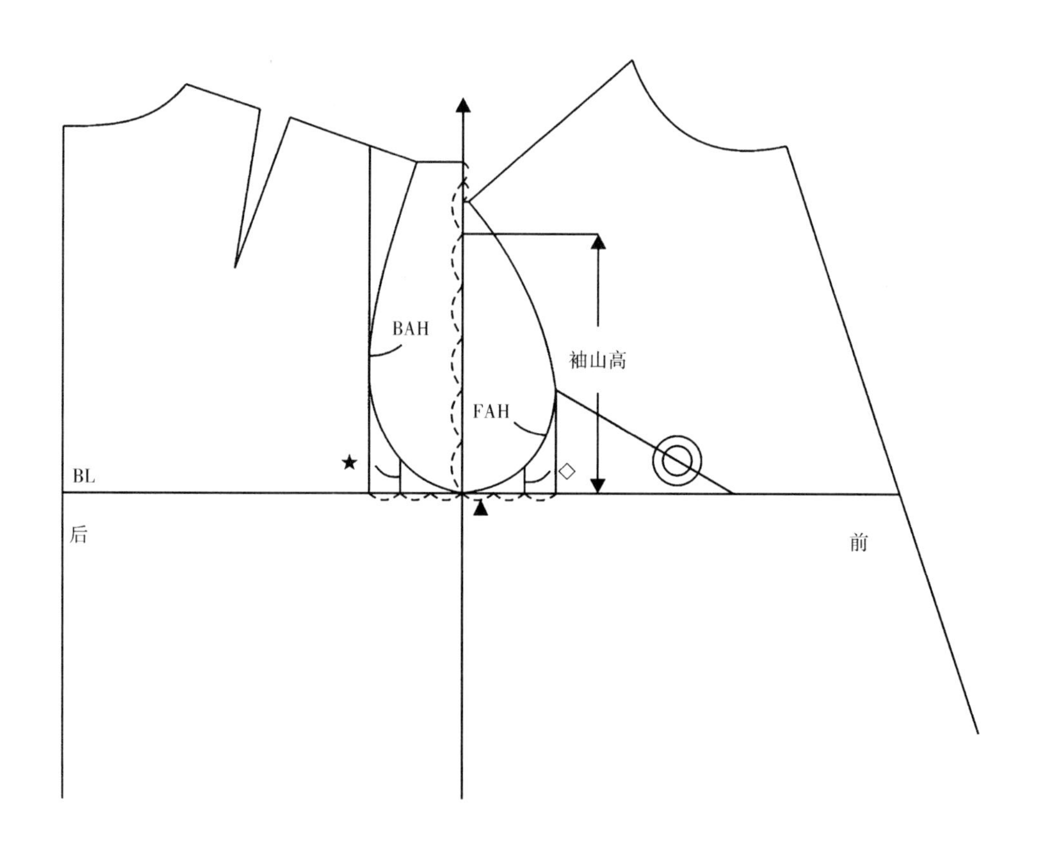

图1-3-4 原型袖山高确定

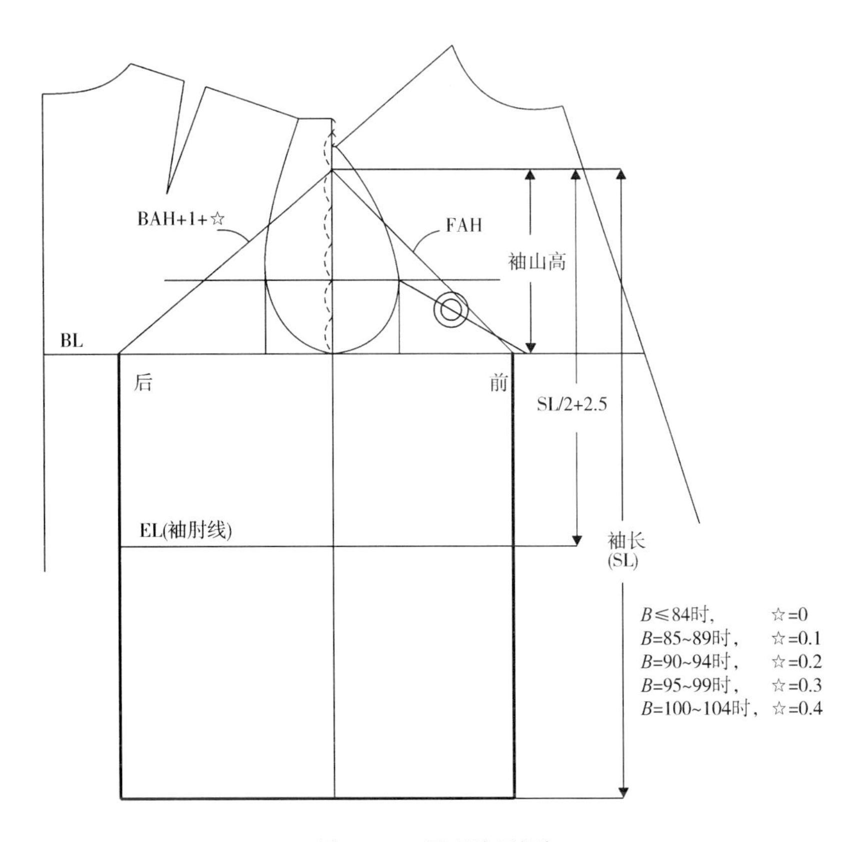

图1-3-5　原型袖子框架

注　☆表示随着人体净胸围B的增加，后袖山斜线需要增加的量。

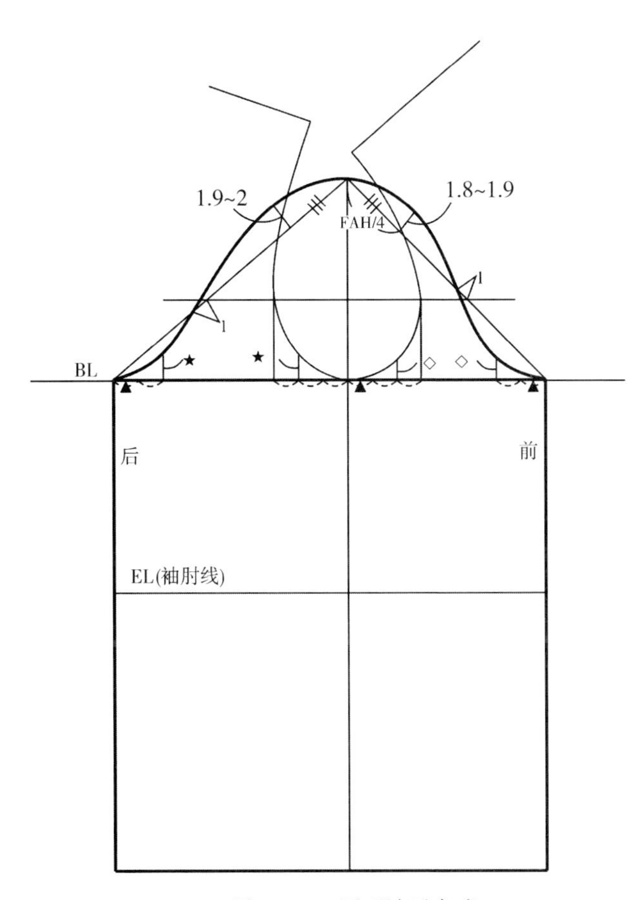

图1-3-6　原型袖子完成

图1-3-7　原型袖子样衣

第二章　服装袖型的结构原理

第一节　人体结构

服装的袖子虽然容纳的是人体上肢，但是人体上肢运动时，人体的肩部、背部、胸部和腰部的肌肉与皮肤都会发生变化，其中胸部、背部尤为明显。因此分析袖型的结构，首先需要了解人体上肢、臂根、胸背部的结构与运动情况。

一、人体上肢骨骼构成

从解剖学上讲，人体的上肢骨由上肢带骨和自由上肢骨构成。上肢带骨由锁骨和肩胛骨构成；自由上肢骨由肱骨、桡骨、尺骨、手骨构成，如图2–1–1、图2–1–2所示。

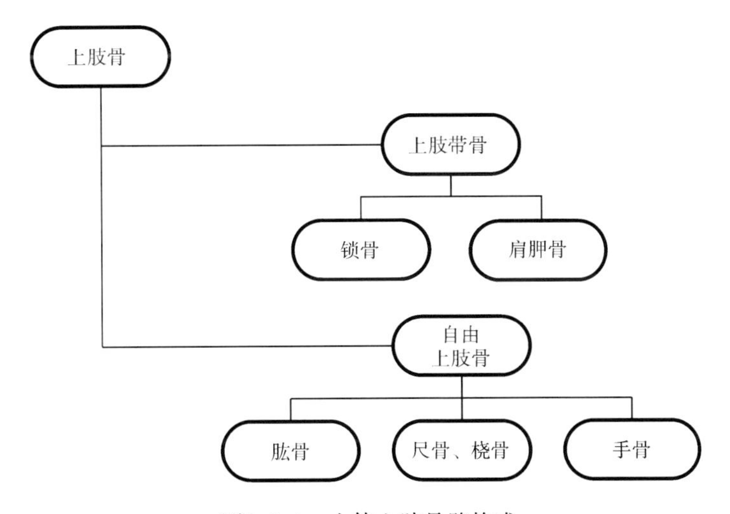

图2–1–1　人体上肢骨骼构成

（一）上肢带骨

1.锁骨

如图2–1–2所示，锁骨呈“～”形弯曲，位于胸廓前上部两侧，全长均可在体表摸到。锁骨外侧端扁平，称肩峰端，由锁骨关节面与肩胛骨的肩峰形成肩锁关节。锁骨不仅具有连接上肢与躯干的作用，还具有固定上肢的作用，而且支撑肩胛骨向外，以增加上肢的活动范围，同时对其下方的上肢大血管、神经有保护作用。

2.肩胛骨

如图2–1–2所示，肩胛骨为三角形扁骨，贴于胸廓的后外侧上部，介于第2～7对肋骨之间。分为前后两面，有上侧、外侧、内侧三缘和上角、下角、外侧角。其外侧角膨大，有一微凹朝外的关节面称关节盂，

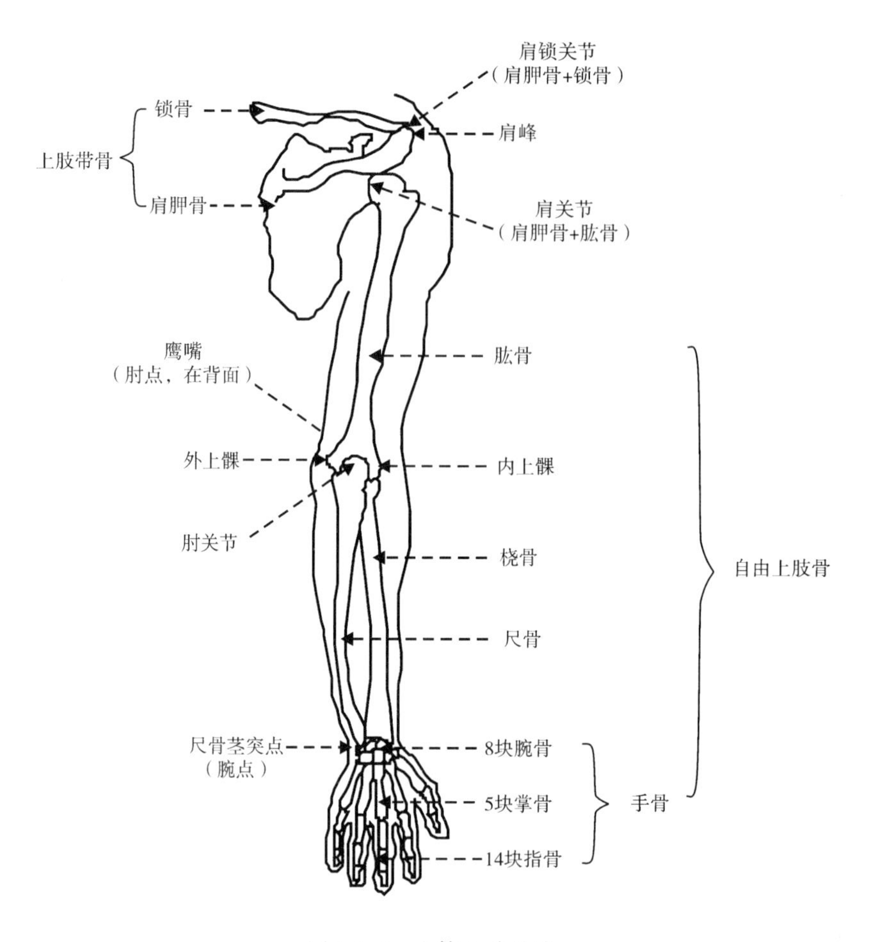

图2-1-2　人体上肢骨骼

与肱骨头组成肩关节。

沿着肩胛骨向外摸，最远端外侧的骨性隆起就是肩峰，如图2-1-2所示，肩峰位于肩关节上方，是肩胛骨的上外侧端，也是肩部的最高点。肩峰的位置与袖子结构密切相关。

（二）自由上肢骨

1.肱骨

如图2-1-2所示，肱骨的上端有半球形的肱骨头，其关节面指向内后方，与肩胛骨的关节盂相关节。肱骨头的外侧和前方各有一隆起，外侧的称大结节，前方的称小结节。在肱骨上端与肱骨体交界处稍细的部分，易发骨折。肱骨体中、上部的前外侧有一粗糙面，称三角肌粗隆，是三角肌附着处。肱骨的下端前、后略扁，它的内、外侧各有一突起，分别称内上髁和外上髁，二者都可在体表摸到。外上髁的内下方有一球形隆起，称肱骨小头，与桡骨小头的上关节面相关节，构成肱桡关节。肱骨小头的内侧是肱骨滑车，与尺骨的半月切迹相关节，构成肱尺关节。肱骨滑车前上方的小窝称冠突窝，屈肘时容纳尺骨冠突。肱骨下端的后方有一深窝，称鹰嘴窝，伸肘时容纳尺骨鹰嘴。从侧面观察，肱骨的前凸形状构成了人体臂根围在该部位的强弯曲形状，其对合体服装的袖窿构成影响很大。

2.桡骨

如图2-1-2所示，桡骨上端细小，下端粗大。上端为桡骨小头，与肱骨小头构成肱桡关节；桡骨小头的周缘光滑，与尺骨的桡骨切迹构成桡尺近侧关节；桡骨小头的内下方有一隆起，称桡骨粗隆。桡骨下端外侧的突起称茎突，可在体表摸到；内侧有一凹面，称尺骨切迹，与尺骨小头构成桡尺远侧关节；下方是腕关节面，与腕骨相关节。

3.尺骨

如图2-1-2所示，尺骨上端粗大，下端细小。上端有两个突起，前下方的称冠突，后上方的称鹰嘴，服装设计中称为肘点，在屈肘时十分明显。二突之间的半月形关节面称半月切迹，它与肱骨滑车构成关节；上端的外侧有桡骨切迹，与桡骨小头相关节。因此，肘关节其实由三个关节构成，肱桡关节、肱尺关节、桡尺关节。需要注意的是，尺骨下端称尺骨小头，其内侧有一突起，称尺骨茎突，服装设计中称为腕点。

桡骨和尺骨构成了桡尺车轴关节，该关节造成的人体前臂内旋对合体袖的袖身造型影响很大。

4.手骨

手骨分为腕骨、掌骨和指骨三部分。因为与袖型设计关系不密切，本书不详细阐述。

二、相关肌肉构成

骨骼支撑人体，肌肉构成人体体表基本形态，与袖子结构相关的肌肉构成如图2-1-3所示。

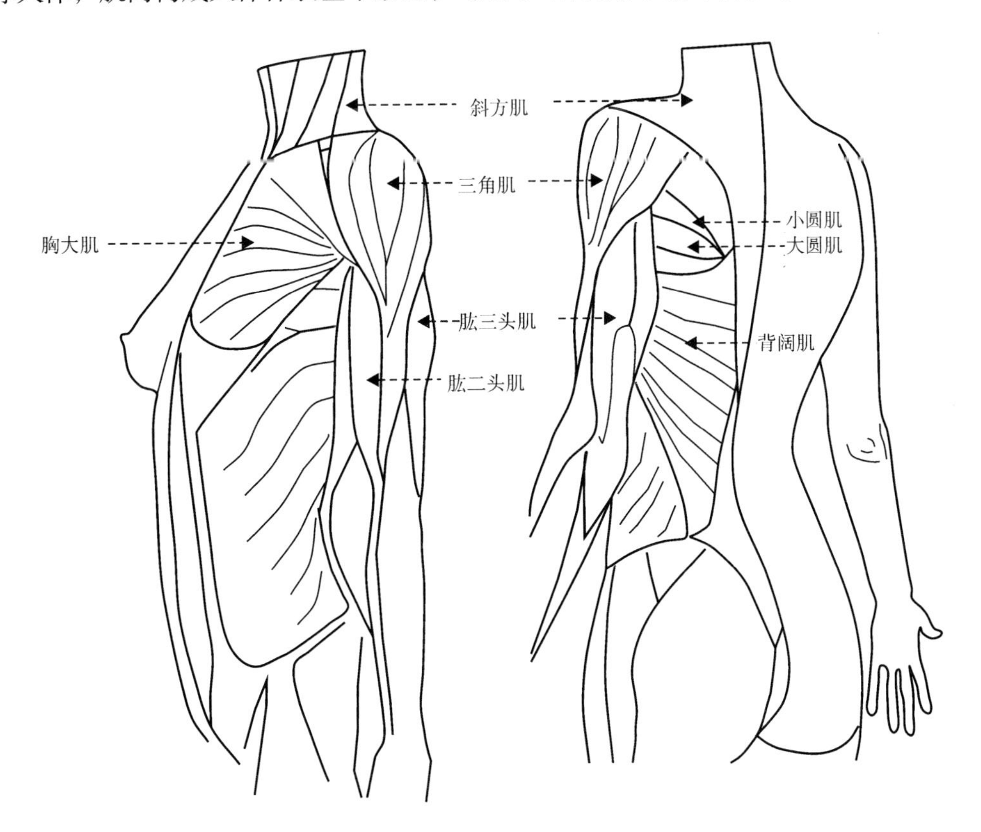

图2-1-3 人体上肢肌肉

（一）斜方肌

如图2-1-3所示，斜方肌位于颈、背部两侧的浅层，每一侧均呈三角形。其起点从枕外隆凸向下直达第12胸椎棘突，止于肩胛冈、肩峰和锁骨外侧1/3处。根据其肌束的走向分为下行部、水平部、上行部。其下行部成为领围线、领子需要关注的对象；下行部与水平部连接，形成的山脚坡状的部分成为领子造型变化的原因之一。斜方肌下行部的前缘与领围线的交点，就是侧颈点SNP，但是这样由肌肉形态产生的标志点与第7颈椎点、颈窝等骨骼部位得到的标志点是不同的，不稳定因素较多。如斜方肌的下行部前缘，由于体型关系颈部稍微有所扭转，标志点就会移动。但是不管什么体型，从肩端沿着肩棱线朝颈部上逆行，总能够正确得到与颈围线的交点，即侧颈点SNP。发达的斜方肌厚实，形成肩部的弧线。收缩时锁骨、肩胛骨上抬形成耸肩动作，拉动肩部向后、向下运动，影响袖子的运动舒适性。

（二）胸大肌

如图2-1-3所示，胸大肌位于胸廓的前上部，起自锁骨内侧、胸骨和第1~6肋软骨，肌束向外侧集中，止于肱骨大结节嵴，呈扇型。胸大肌与其他肌肉配合，可使肩关节前屈、内收和内旋，提拉躯干向上臂靠拢，提肋助吸气。

（三）背阔肌

如图2-1-3所示，背阔肌是位于胸背区下部和腰区浅层较宽大的扁肌。起于第7~12胸肋棘突、胸腰筋膜、骶骨的中脊以及髂嵴的后1/3，止点于肱骨结节间沟（内侧上端）。背阔肌虽然面积很大，但相对较薄，它减弱了背部骨骼肌肉的起伏，增加了后背的厚度和宽度，它的边缘只在体侧一方容易看到。虽然它的外型与袖子外型不直接相关，但其能将上举的上肢向下拉动或者将上肢向后拉动，袖型结构设计时，需要特别注意此部分肌肉拉伸和收缩对袖型舒适性的影响。

（四）三角肌

如图2-1-3所示，三角肌位于肩关节前、外、后方，为一块倒三角形的肌肉。起点位于锁骨外侧、肩峰和肩胛冈，止点位于肱骨体三角肌粗隆。近固定时，前部肌纤维收缩使上臂屈、水平屈和内旋；后部肌纤维收缩使上臂伸、水平伸和外旋；中部或整块肌肉收缩使上臂外展。三角肌构成了上臂的圆弧形，是影响袖山造型的重要因素。

（五）肱二头肌

如图2-1-3所示，肱二头肌位于上臂前侧浅层，为梭形肌，有长短二头，长头起自肩胛骨盂上结节，短头起自肩胛骨喙突，止于桡骨粗隆和前臂筋膜。近固定时，使上臂在肩关节处屈、前臂在肘关节处屈，并使前臂在内旋的情况下，在桡尺关节处外旋。远固定时，使肘关节屈。

（六）肱三头肌

如图2-1-3所示，肱三头肌位于上臂后面。有长头、外侧头和内侧头三个头。长头起于肩胛骨盂下结节，外侧头起于肱骨体后面桡神经沟外上方，内侧头起于肱骨体后面桡神经沟内下方。三个头合成一个肌腹，以扁腱止于尺骨鹰嘴。近固定时，使上臂和前臂伸；远固定时，使肘关节伸。上臂从前面看突出的是肱二头肌，在上臂下缘可以看到肱三头肌，上缘是肱肌。

（七）小圆肌

如图2-1-3所示，小圆肌位于冈下肌下方，冈下窝内，肩关节的后面。起始于肩胛骨的腋窝缘上2/3背面，肌束斜向外上，跨过肩关节后方，抵止于肱骨大结节下部。部分小圆肌被三角肌和斜方肌覆盖，在上臂充分外展和三角肌后部放松的情况下，可触及肌肉的大部分。小圆肌与冈下肌协同使上臂外旋、内收，使肩关节外旋、内收。

（八）大圆肌

如图2-1-3所示，大圆肌位于小圆肌的下侧,其下缘为背阔肌上缘遮盖,整个肌肉呈柱状，起于肩胛骨下角背面，肌束向外上方集中,止于肱骨小结嵴。大圆肌能带动肩关节旋内、肩关节内收和肩关节后伸，由于该肌对手臂的作用同背阔肌类似，所以被称为“背阔肌的小助手”。

三、相关部位脂肪与皮肤

脂肪的分布、厚薄和皮肤的平滑或褶皱构成了人体体表的最后形态。

（一）脂肪构成与变化

如图2-1-4所示，皮下脂肪是贮存于皮下的脂肪组织，在真皮层以下，筋膜层以上。人体前后腋部、上臂的脂肪会随着年龄的增加而增加，上臂的脂肪增加会使手臂变粗，腋部脂肪增加会使人体臂根围加大，掌握人体臂部、腋部脂肪的变化规律有助于合理设计袖子造型和结构。

（二）皮肤

构成人体外表的皮肤，就似一件没有接缝的衣服。皮肤本身具有弹性，以不同程度的伸长状态而覆盖在体表之上，人体各个部位都有大小不同的皱纹，与皱纹行走方向相垂直的方向有较好的伸展性。中泽愈在《人体与服装》一书中绘制出了人体正、背面躯干和上肢的皮肤纹路及走向，如图2-1-5所示，上半身的后背上，皱纹从后正中线和腰围线交点附近，经过后腋部，到三角肌，形成了一条后腋伸展线。前面则从腰围线后侧部开始，经过体侧以大弧度直接向上，再经过前腋部，到三角肌形成一条前腋伸展线。当人们穿上稍稍贴身的衣服，上肢做向上弯曲运动时，面料和皮肤就结合成一体，在腋部就有强烈的牵引感。皮肤不仅仅能够伸长，还能产生与皮下之间的滑移，起到了缓和牵引的作用。掌握人体胸部、背部、腋部、臂部皮肤的走向有助于合理解决合体袖型的美观性与舒适性之间的关系。

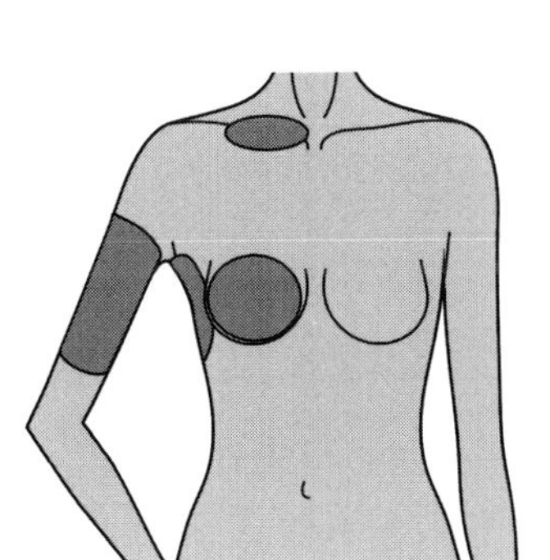
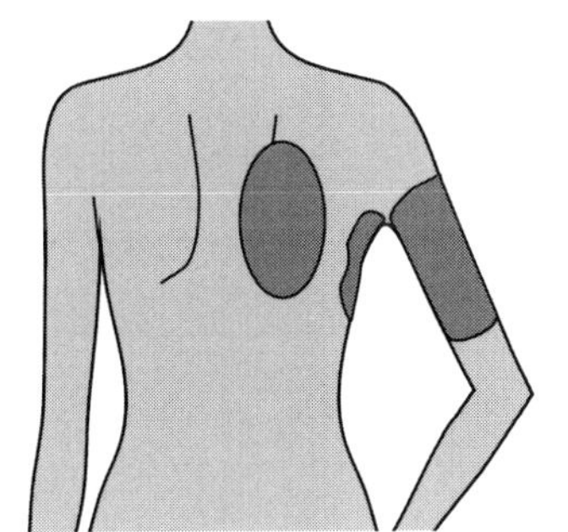

图2-1-4 人体上肢及躯干上半身脂肪构成

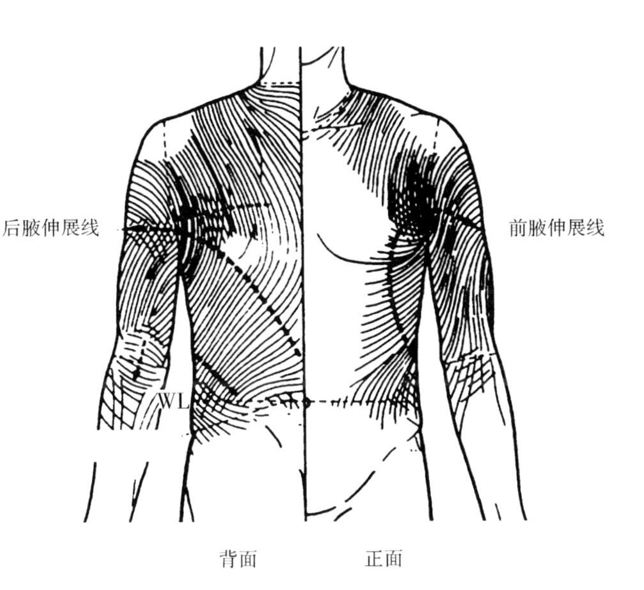

图2-1-5 人体上肢及躯干上半身皮肤走向

四、臂根与手臂形态

人体上肢的骨骼、肌肉、脂肪以及皮肤共同构成了人体手臂形态。

（一）人体臂根形态

人体臂根围线由肩峰点SP、前后腋点经人体腋底构成，如图2-1-6所示。从正面观察，肩峰点比前腋点偏离人体中轴线，后腋点比前腋点偏离人体中轴线，即人体的背宽大于胸宽，由此可知，人体臂根围截面呈向中轴线、前方倾斜的斜面，这是人体手臂前倾的重要原因。

（二）人体手臂形态

如图2-1-7所示，因为桡尺车轴关节的作用，所以正视人体时，前臂向人体中轴线内旋，在袖型设计中被称为扣势；侧视人体时，手臂呈向前弯曲的形状，在肘部形成明显的弯势，手臂的这种形态对袖身造型的弯与直影响很大。

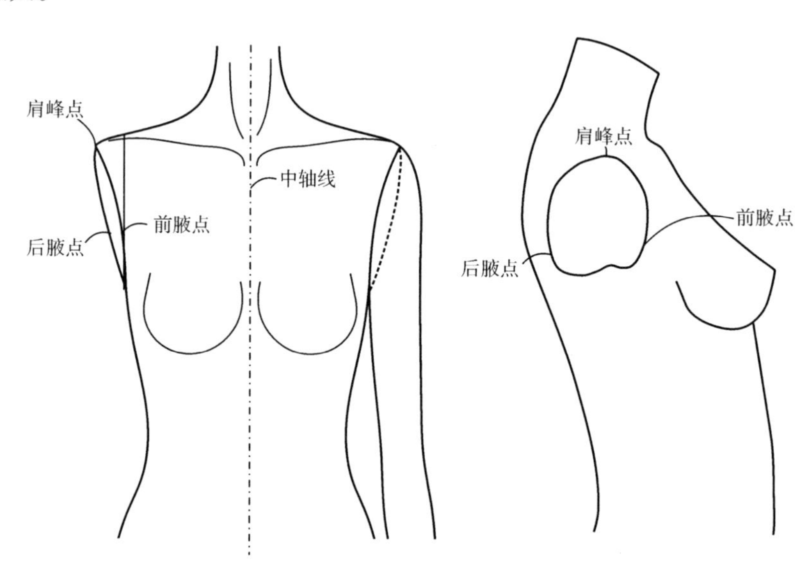

图2-1-6　人体臂根形态

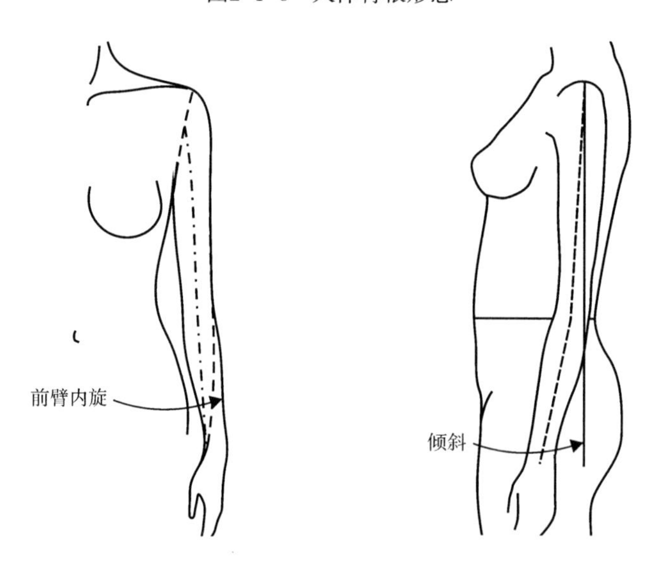

图2-1-7　人体手臂形态

第二节　人体与服装袖型的关系

一、静态时人体与服装袖型的关系

如图2-2-1所示，人体肩峰点SP与上胸围线CL之间的距离为腋窝深，肩峰点到腕点的距离为袖长SL，EL为袖肘线。

袖子的袖山头部位为外凸弧形，与人体臂根上部形态相似，袖山顶点略高于人体肩峰点，是因为两者之间需要容纳缝份的厚度，不同的款式、面料、工艺，袖山顶点与肩峰点之间的距离不同。

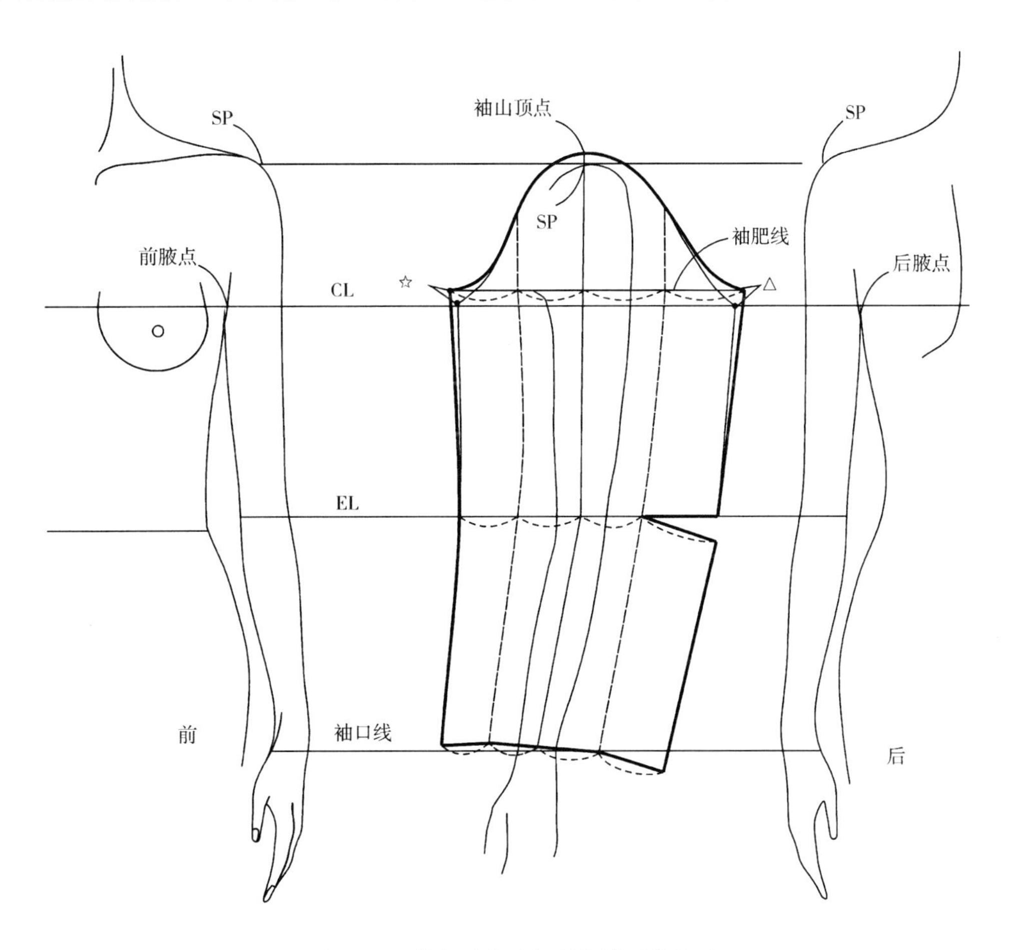

图2-2-1　静态时人体与服装袖型的关系

袖子的袖肥线与CL之间有一定距离，为☆和△，这是因为需要给人体手臂上抬留出一定的活动量，不同风格的袖子留出的量不同，一般宽松休闲风格的服装活动量大，合体严谨风格的服装活动量小。

为符合人体手臂前倾弯曲的特点，袖子结构也呈向前弯曲的形态，袖口倾斜，肘部收省道，当然在实际应用时，使袖子弯曲的手段更丰富。

二、动态时人体与服装袖型的关系

当人体手臂做扩胸、抬臂等动作时，会引起背部、胸部、臂部皮肤扩展，在宽松袖型中，人体与服装之间有空隙，人体活动较自由，但在合体袖型中，人体与服装之间空隙相对较少，人体运动时，服装会造成运动拘束感，因此需要特别注意合体袖型结构中活动量的处理。

第三节　无袖的构成原理

无袖指的是只有袖窿，没有袖子的服装造型。女装合体无袖结构的关键是在于合理处理人体肩部和胸部的浮余量，避免出现袖窿虚空的现象。

根据无袖肩部宽度的变化可以分为入肩式袖型和出肩式袖型。

如图2-3-1所示，入肩式袖型是指服装肩点向颈部移动，服装肩宽小于人体肩宽，图中△为入肩袖区域；出肩式是指服装肩点向手臂移动，服装肩宽略大于人体肩宽，一般超出人体肩点部分≤3cm时，视觉上还是无袖造型，超出较多时则视觉上会变成连身袖，图中☆为出肩袖区域。

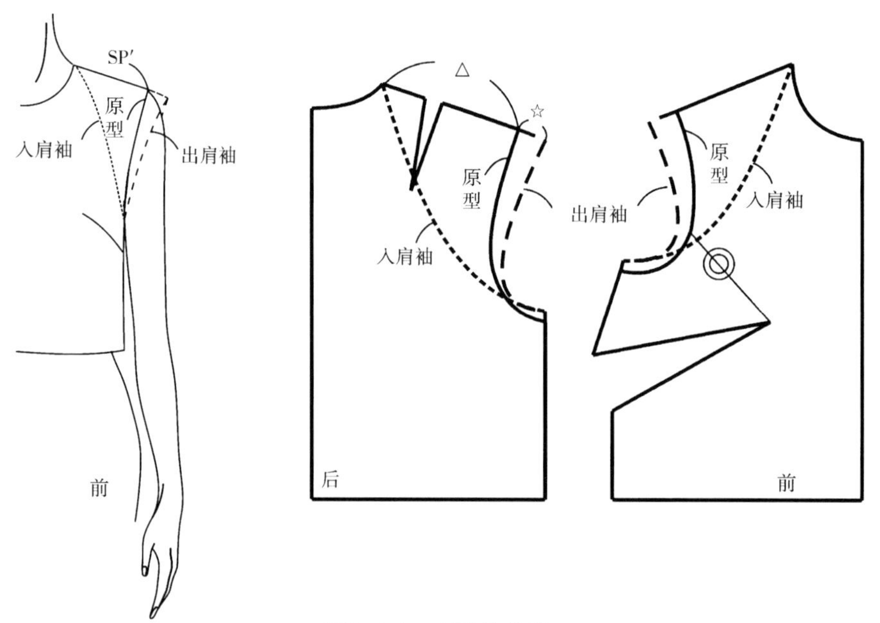

图2-3-1　无袖的分类

为了避免走光，夏季无袖贴身服装在原型袖窿的基础上可提高0～1.5cm，而外套型无袖款式则会根据款式风格自由向下挖深，如图2-3-2所示。

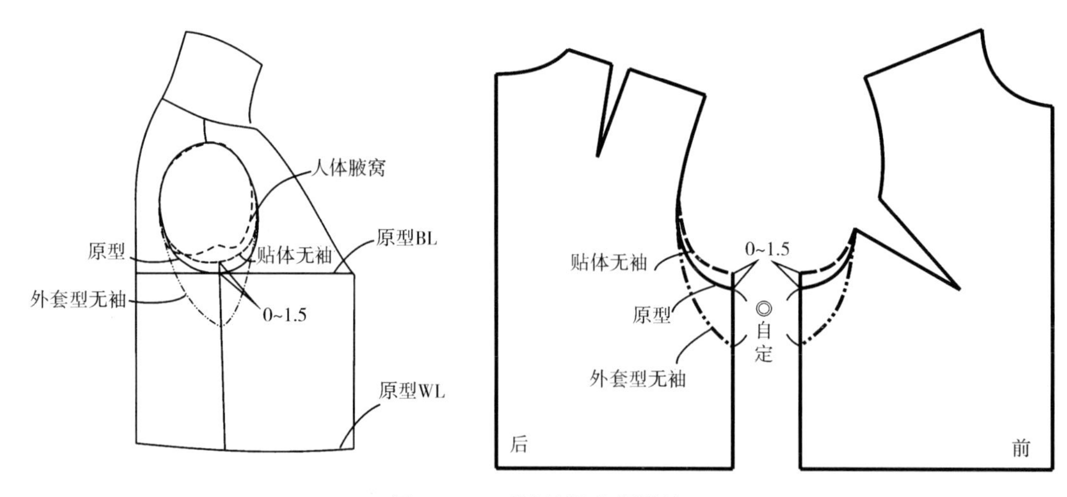

图2-3-2　无袖的袖窿深设计

第四节 装袖的构成原理

装袖的袖山形状为不同程度的圆弧型，与袖窿缝合组装成衣袖，装袖造型广泛应用于各类服装，从构成原理来看，可以被当作其他各类袖型的基础。

一、袖窿结构设计原理

服装袖窿的设计主要涉及平均袖窿深 *d*（前后袖窿深的均值）、袖窿宽度与胸背宽度、袖窿形态和袖窿弧长几个方面，其中袖窿弧长用AH表示，前袖窿弧长用FAH表示，后袖窿弧长用表示BAH，如图2-4-1所示。

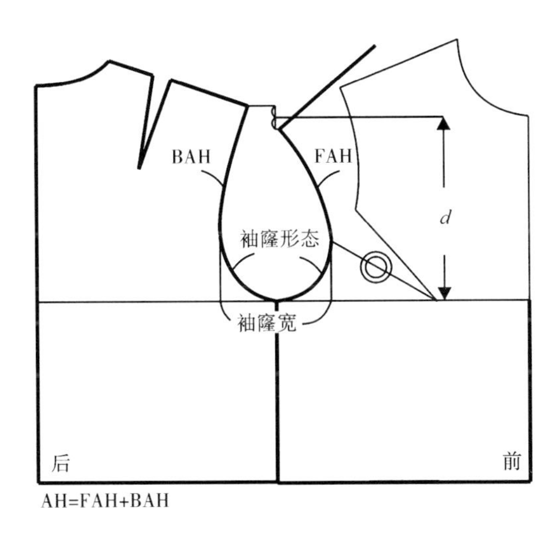

图2-4-1 袖窿示意

（一）袖窿深浅

袖窿的深浅由服装前后肩端点SP′ 的位置和胸围线BL的位置决定。SP′ 高，则袖窿深，SP′ 低，则袖窿浅，如图2-4-2（a）所示；BL下挖多，则袖窿深，BL下挖少，则袖窿浅，如图2-4-2（b）所示。

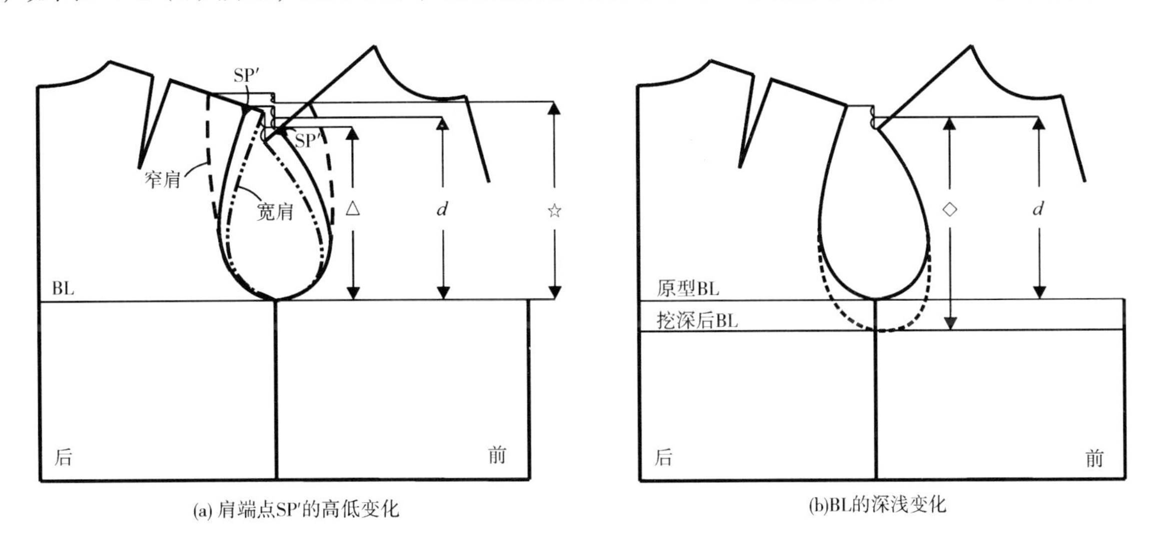

图2-4-2 袖窿深浅变化

注意服装的SP′不一定与人体的肩端点一致。服装SP′的位置由肩宽、有无垫肩和服装的合体程度决定。当其他因素一样时，窄肩的服装SP′高，宽肩的服装SP′低；当其他因素一样时，有垫肩的服装SP′高，无垫肩的服装SP′低；当其他因素一样时，宽松服装肩部可留松量，SP′高，合体服装肩部不留或少留松量，SP′低。

从穿着效果来看，新文化式原型胸围线位于腋底向下2cm的位置，适合于制作合体、普通风格的衬衣以及合体外套。合体外套的胸围线一般在其原型基础上再向下挖0～1cm，宽松服装的胸围线则可根据款式图的比例确定，如图2-4-3所示。

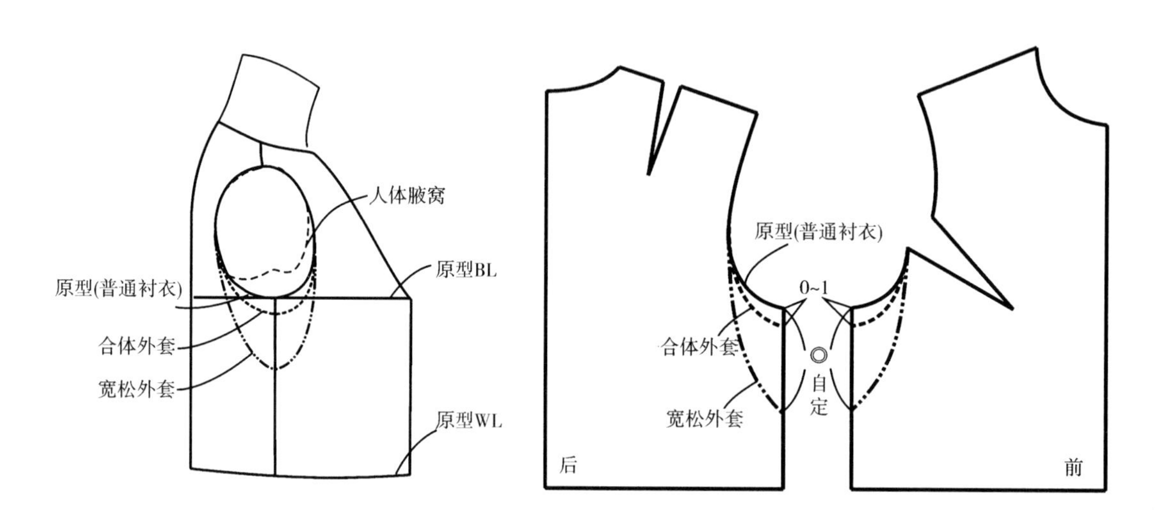

图2-4-3　不同风格的服装袖窿深浅设计

平均袖窿深d不等于服装穿着在人体上的实际袖窿深f，受人体厚度影响，一般$d > f$，如图2-4-4所示。

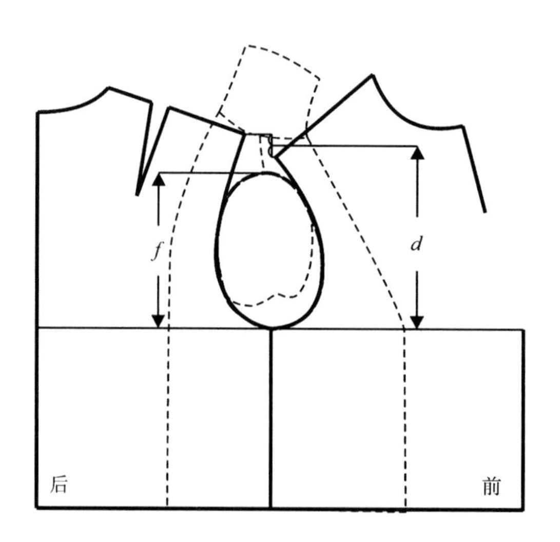

图2-4-4　平均袖窿深与服装实际袖窿深的关系

（二）胸背宽度与袖窿宽度

1.胸背宽度

就人体而言，正常体型的背宽大于胸宽，所以当袖窿宽一定时，合体服装的背宽就大于胸宽，一般情况下，合体服装的背宽比胸宽大2～4cm，宽松服装则可以一样大。如图2-4-5所示，B为合体服装的袖窿，背宽大于胸宽；A袖窿加宽了胸宽尺寸，胸宽等于背宽。注意，为了更清楚地表示袖窿宽及胸宽、背宽的变化，将袖窿省转移到了腋下。

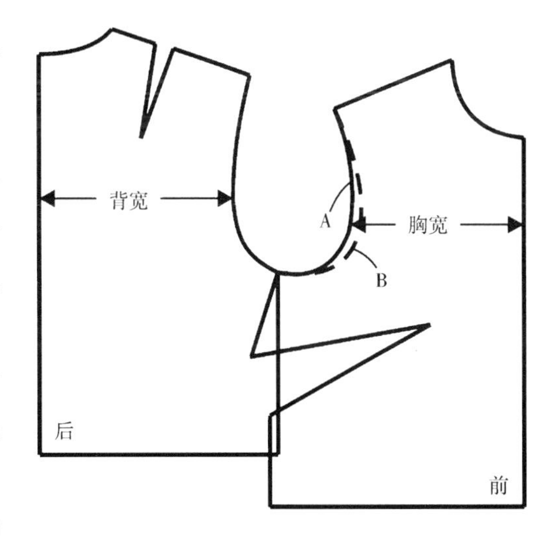

图2-4-5 服装胸宽与背宽的关系

图2-4-6所示的样衣照片分别对应图2-4-5所示的A、B袖窿，从侧面观察， A袖窿接近于垂直型袖窿，B袖窿则是向前的倾斜袖窿，根据本章第一节，可知B袖窿更加符合人体形态，所以B袖窿更适合合体圆袖造型。图2-4-7所示的样衣中，A、B都用原型配袖的方法绘制袖子， B呈自然前倾的状态，袖口更贴近人体，更符合人体手臂形态，所以袖窿的形态直接影响袖子的合体度。

注意，挺胸体的女性，其胸宽的比例高于正常体，背宽的比例低于正常体，其服装袖窿形态比正常体的服装袖窿形态更偏垂直，因此其袖子比正常体的袖子要偏后，偏直。

2.袖窿宽度

服装袖窿的宽度对应的是人体的腋窝宽。当人体胸围一定时，厚实体型的人腋窝宽，则服装的袖窿宽；扁薄体型的人腋窝窄，则服装的袖窿窄。需要注意的是，同一款合体服装，如果袖窿宽度取值较大，从侧面观察，其会比袖窿宽取值小的袖子显胖，所以袖窿宽的设计直接影响袖子的美观度。一般服装的袖窿宽在服装胸围尺寸（B）的10.5%～15%之间变化，其中贴体风格的袖窿宽度约为胸围尺寸的12%。

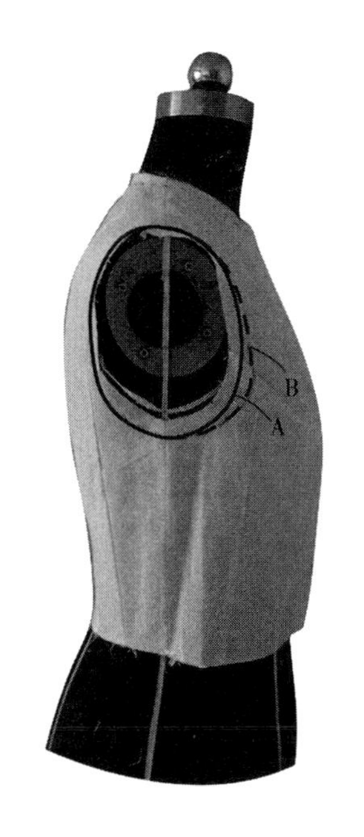

图2-4-6 两种袖窿的样衣

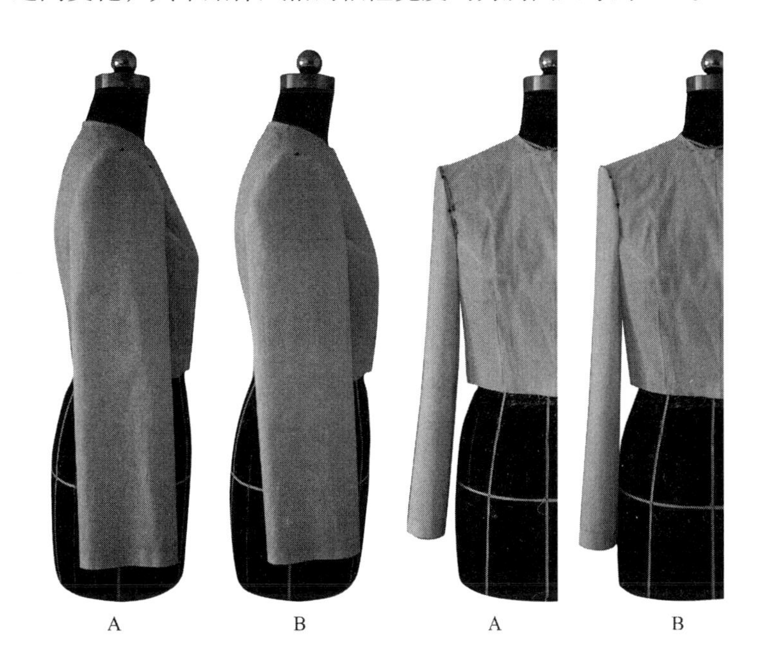

图2-4-7 A、B袖窿装袖差异的样衣

（三）袖窿形态

服装袖窿形态可以分为圆袖窿、尖袖窿和方袖窿。圆袖窿与人体腋窝形状相似，适合于合体风格的服装，当然合体程度不同的圆袖窿也是有所区别的；尖袖窿和方袖窿则需要偏离人体腋窝，一般适合于宽松服装，如图2-4-8所示。

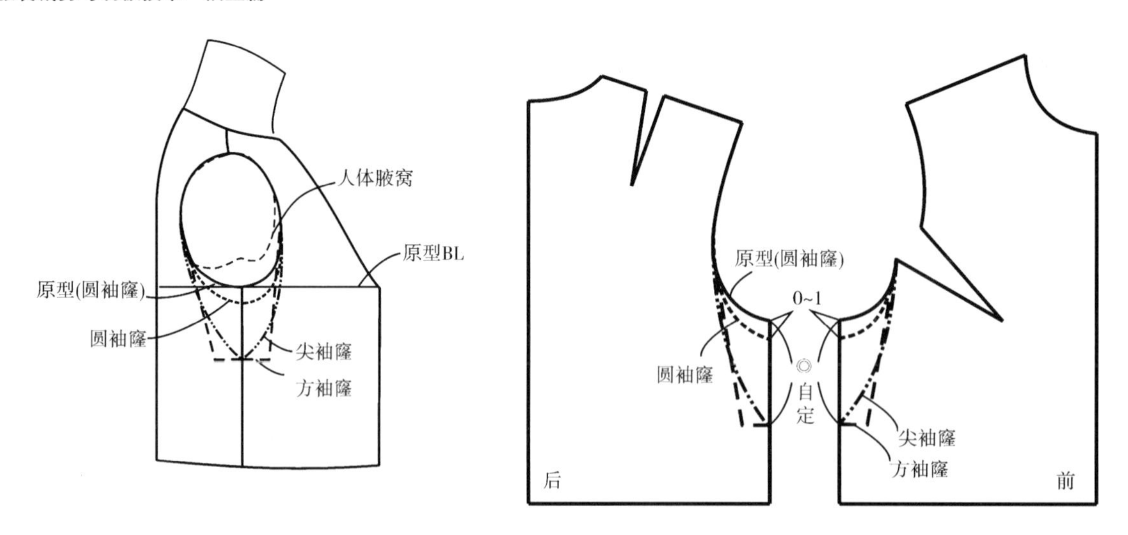

图2-4-8 服装袖窿形态的分类图

（四）袖窿弧线长

根据实验可知，人体腋窝围度大约是人体胸围的0.41倍，因此服装的袖窿弧线长AH与服装胸围尺寸*B*的比例关系如果接近上述值，更符合一般审美要求。

服装的袖窿线弧长（AH）一般为*B*/2±（0~2cm）,各类服装的袖窿弧长关系为：衬衣的AH ＜外套的AH＜*B*/2＜风衣的AH＜大衣的AH，一般情况下，前袖窿弧长≤后袖窿弧长。当然，一些夸张的款式则可不遵循此规律。

二、袖子结构设计原理

袖子造型可以分为袖山造型和袖身造型两部分。如图2-4-9所示，袖山主要由袖山的高度、袖山弧线的长度和形态构成，袖身主要分为直身袖和弯身袖两类，下面分别对袖山和袖身的结构设计进行讨论。

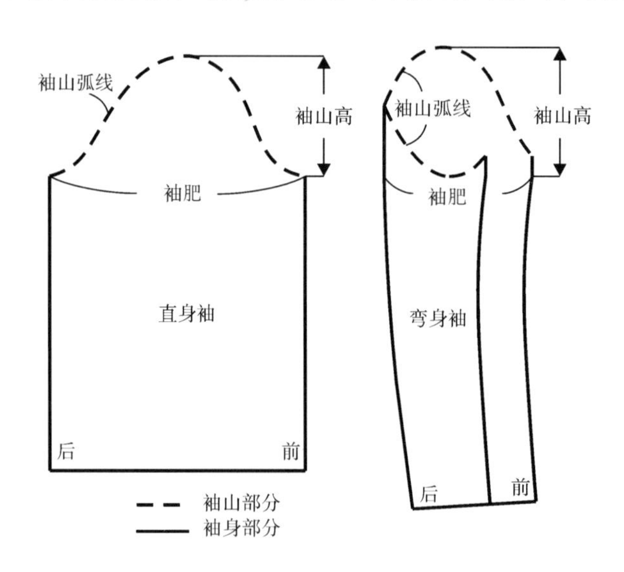

图2-4-9 袖子的袖山与袖身构成

（一）袖山的设计原理

1.袖山高的设计原理

（1）袖山高的构成原理：服装袖山对应的是衣身袖窿深，如图2-4-10所示为普通装袖示意图，#表示袖山高与服装实际袖窿深 f 之间的差量，该量受到面料的厚度以及袖山、袖窿缝份倒向的影响，当袖山与袖窿的缝份都倒向袖子时，#为袖山和袖窿面料的厚度和；当袖山与袖窿的缝份都倒向衣身时，#可为0cm；当袖山与袖窿的缝份分缝时，#为介于前两者之间。

如图2-4-11所示，△越大，袖山越低，袖缝就越长，人体手臂上抬的活动量就越多，但静态袖子的褶皱就越多；△越小，可为0cm，袖山越高，袖缝越短，人体手臂上抬的活动量就越少，但静态袖子就越平整。

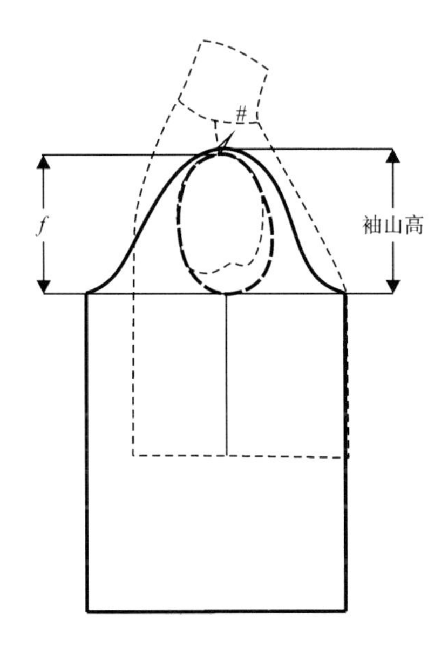

图2-4-10 普通装袖的袖山高示意

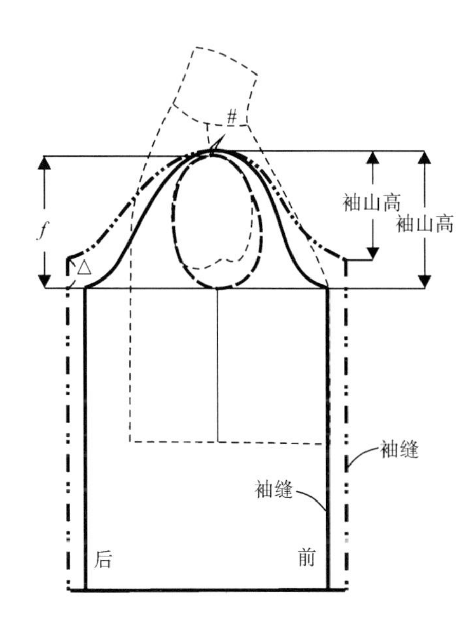

图2-4-11 袖山高与袖缝的关系示意

（2）袖山高的设计方法

方法1：如前所述的袖山高的设计原理，将衣身缝制好后，穿在人台或人体上，直接测量服装袖窿深f，再根据缝份的倒向计算#的值，最后根据款式的合体或宽松风格确定△的值，即得到袖山高值。

方法2：以平均袖窿深d为设计依据，袖山高 $= d \times b$，b为系数，如新文化式原型的袖山高即为$d \times 5/6$，根据张文斌老师主编、中国纺织出版社出版的《服装结构设计》一书，b随着袖型风格在以下数据进行变化：

a.贴体风格的袖子：$0.8 \leqslant b \leqslant 0.83$；

b.较贴体风格的袖子：$0.7 \leqslant b < 0.8$；

c.较宽松风格的袖子：$0.6 \leqslant b < 0.7$；

d.宽松风格的袖子：$b < 0.6$。

如图2-4-12所示，图中样衣分别表示以新文化式原型袖窿为基础，b取不同值时，即袖山高分别为$d/6$、$2d/6$、$3d/6$、$4d/6$、$5d/6$时袖子的状态。当袖山高为$d/6$时，手臂能抬高至肩斜角度，活动量较大，但当手臂下垂时，腋部形成大量褶皱；当袖山高位$5d/6$时，袖子自然下垂腋部平整，但抬臂困难。

注意，同样的袖型风格，厚面料比薄面料袖山要高。

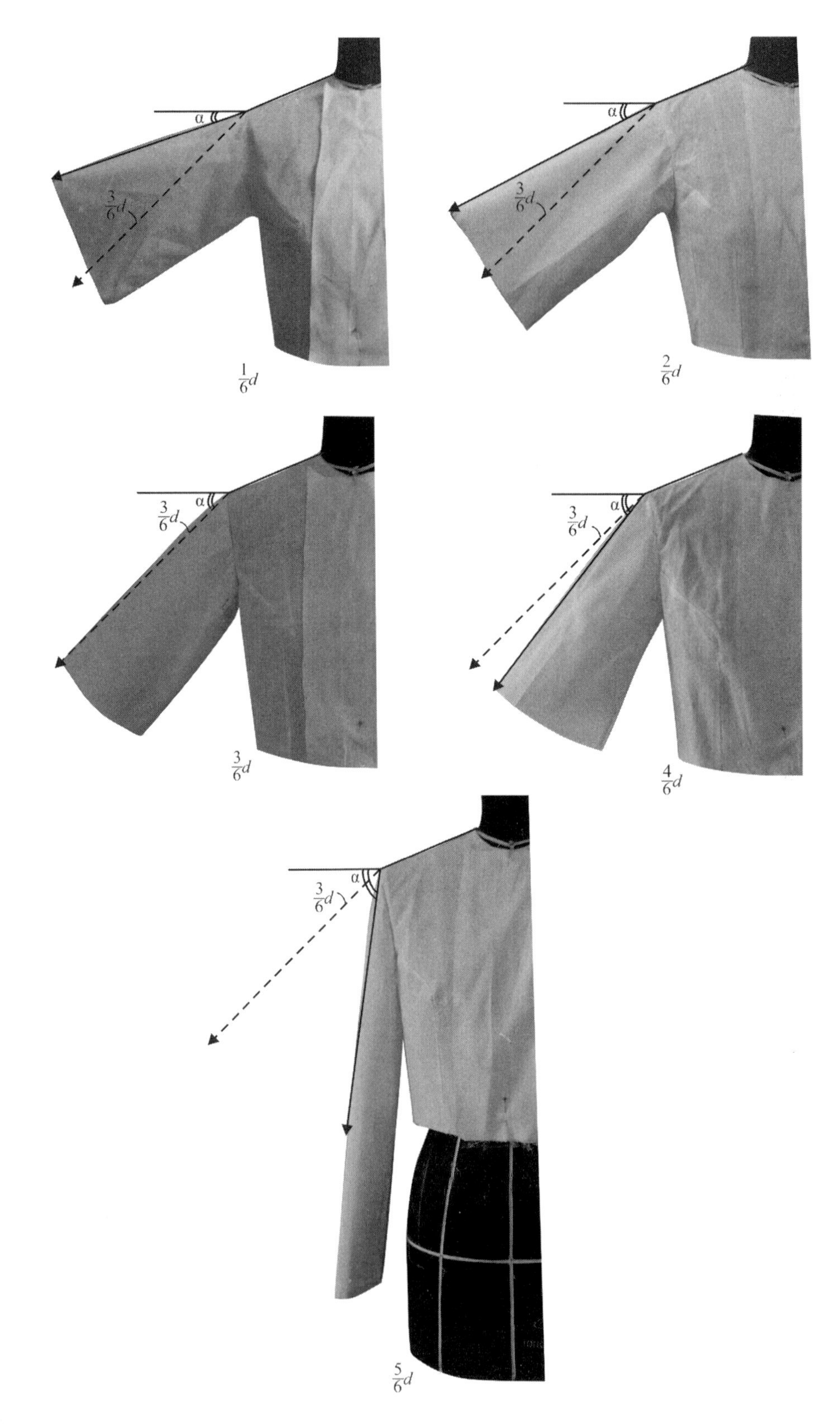

图2-4-12 不同袖山高的样衣对比

方法3：以袖窿弧线的尺寸为设计依据。袖山高=AH/$c\pm e$，c为系数，一般介于3~10，随具体款式而变化，c越大，袖型越宽松；c越小，袖型越合体，例如合体袖的袖山高为 AH/3±（0~1.5cm）。

方法4：在原型袖子的基础上进行变化，变化规律如图2-4-13所示。

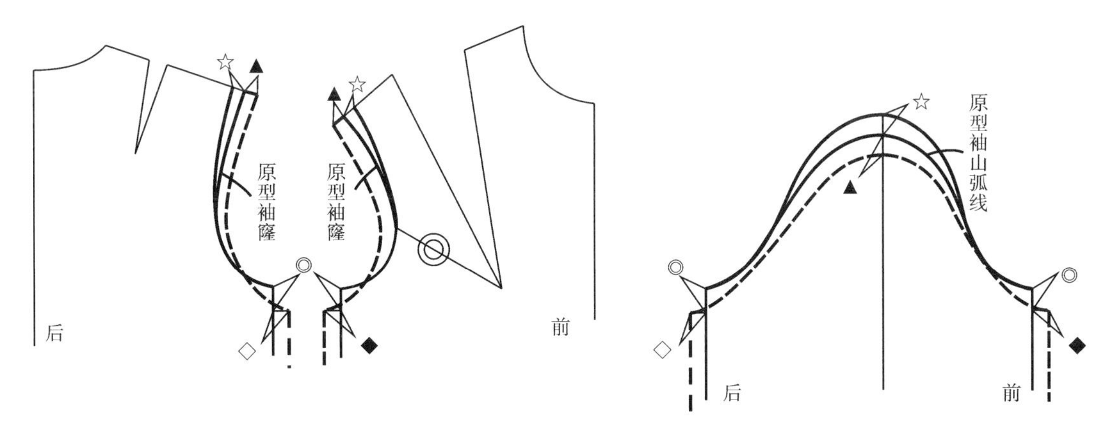

图2-4-13　直接在原型袖上设计袖山高的示意

2.袖山弧线长的设计原理

袖山弧线长等于袖窿弧线长AH与袖山缩缝量之和，一旦袖窿设计完成后，AH就固定，变化的主要是袖山缩缝量，所以袖山弧线长的设计最主要的是袖山缩缝量的设计。袖山缩缝量受到诸多因素的影响，不同风格服装的前后袖山缩缝量分配不同。

（1）袖山缩缝量的构成原理：袖山缩缝后会使袖山形态由平面变为立体，其作用有四个方面：①满足肩头浑圆造型的需要；②满足袖山款式造型的需要；③容纳袖山和袖窿缝份的需要；④满足人体手臂运动的需要。

注意，当人体手臂下垂时，袖山的吃势呈饱满状态，当手臂渐渐向前举动时，首先变化的是袖山，后袖山由饱满逐渐拉平，开始时，人体感觉不到背部牵扯，当后袖山缩缝量被完全拉平时，后衣身开始被拉伸，人体开始感觉到后背紧绷感。因此，合理的袖山缩缝量既能满足造型的需要，也能满足运动的需要。

（2）影响袖山缩缝量的因素分析：基于上述分析，影响袖山缩缝量的因素主要有以下：

①袖山造型对袖山缩缝量的影响。在装袖服装中，合体服装的袖山较高，袖肥较小，袖山缩缝量较大，这是因为袖山缩缝量除了能满足人体肩部的饱满造型外，还能存储活动量，为手臂向前向后运动提供活动量。宽松服装的袖山较低，袖肥较大，袖山缩缝量较小，这是因为宽大的衣身已经能够满足手臂的需要，不再需要袖山缩缝给予活动量。具体来说，宽松风格的袖山缩缝量为0～1cm；较宽松风格的袖山缩缝量为1～2cm；较贴体风格的袖山缩缝量为2～3cm；贴体风格的袖山缩缝量为3～4cm。

②面料的厚薄对袖山缩缝量的影响。对同一种袖型来讲，缩缝量的大小随面料的厚度而定，面料越厚，缩缝量越大。缩缝量与面料的厚度成正比。

③缝份的倒向对袖山缩缝量的影响。在袖子的工艺制作中，袖山和袖窿缝份的倒向也影响着缩缝量的大小。两者的倒向有三种情况，即为均倒向袖子、均倒向袖窿以及分缝。其缩缝量关系为以下不等式：均倒向袖子所需缩缝量＞分缝所需缩缝量＞均倒向袖窿所需缩缝量。缝份均倒向袖子，袖山在最外层，需要容纳袖山和袖窿两层面料的缝份，为避免袖山处露出两层缝份，则缩缝量要偏大，一般此类袖子袖山头饱满；缝份均倒向袖窿，袖窿在最外层，袖山缩缝量偏大容易形成小褶，为保证袖山造型平整，则缩缝量就要减小，甚至为负值，一般此类袖子袖山头平整，分缝的缩缝量应介于前二者之间。

④垫肩厚度对袖山缩缝量的影响。装垫肩时，袖山和袖窿的缝份一般采用均倒向袖子、分缝两种形式，垫肩外边缘通常与缝头平齐，为避免袖山处露出缝份和垫肩的印子，则缩缝量要偏大，缩缝量的大小与垫肩的厚度成正比。

（3）前后袖山缩缝量的分配方法:影响袖山缩缝量分配的主要因素是袖子的风格，一般情况下，越宽松的袖子则前后缩缝量的比例越接近，越合体的袖子，则后袖山的缩缝量占总缩缝量的比例就越大。这是因为人体手臂大多向前活动，所以后片分配较多缩缝量可以更好地满足人体运动的需要。

制图时，如图2-4-14所示，先根据AH的尺寸绘制袖山斜线，图中 g 和 h 为袖山缩缝控制量，袖山缩缝量小则减，袖山缩缝量大则加。

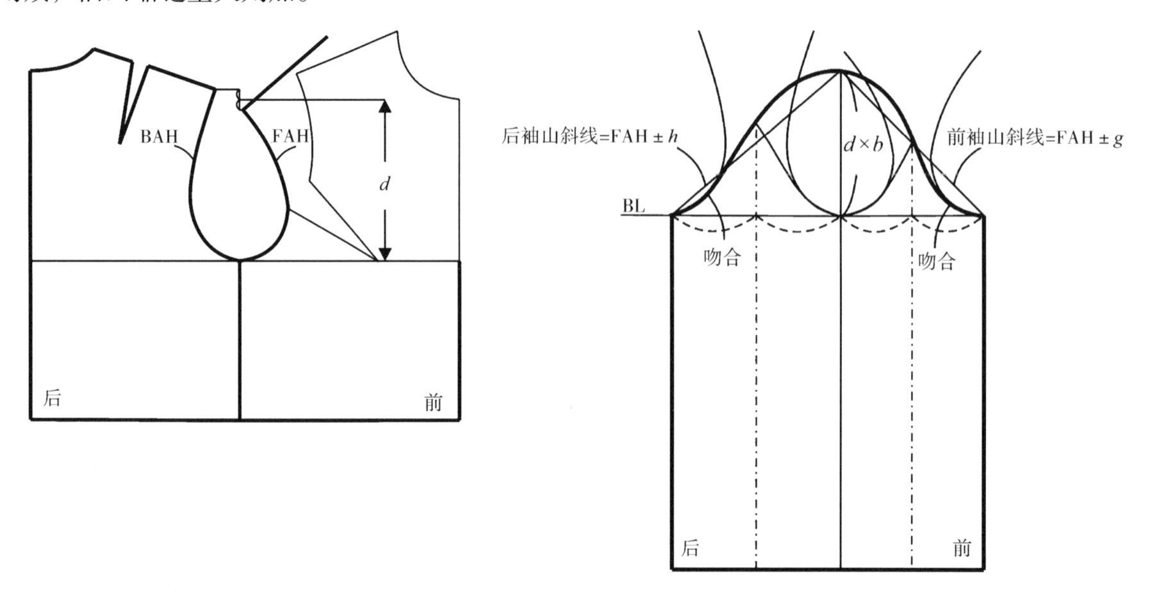

图2-4-14 袖山缩缝量设计示意

3.袖山弧线形态的设计原理

（1）袖山底弧线与袖窿弧线的配伍原理：一般情况下，越合体的袖型，腋部越干净，没有多余的褶皱量，袖山底弧线的形态与衣身腋部袖窿弧线的形态越近似。

人体手臂大多向前活动，服装后袖比前袖需要更多的活动量，前袖则可更多考虑合体美观性，因此一般在袖子制图时，前袖袖山底弧线与前腋部袖窿弧线的吻合度高于后袖。

针对侧缝收腰的款式，为保证前袖袖山底弧线与袖窿弧线吻合，通常需将前衣片的侧缝旋转到垂直状态后，再绘制袖子，如图2-4-15所示。

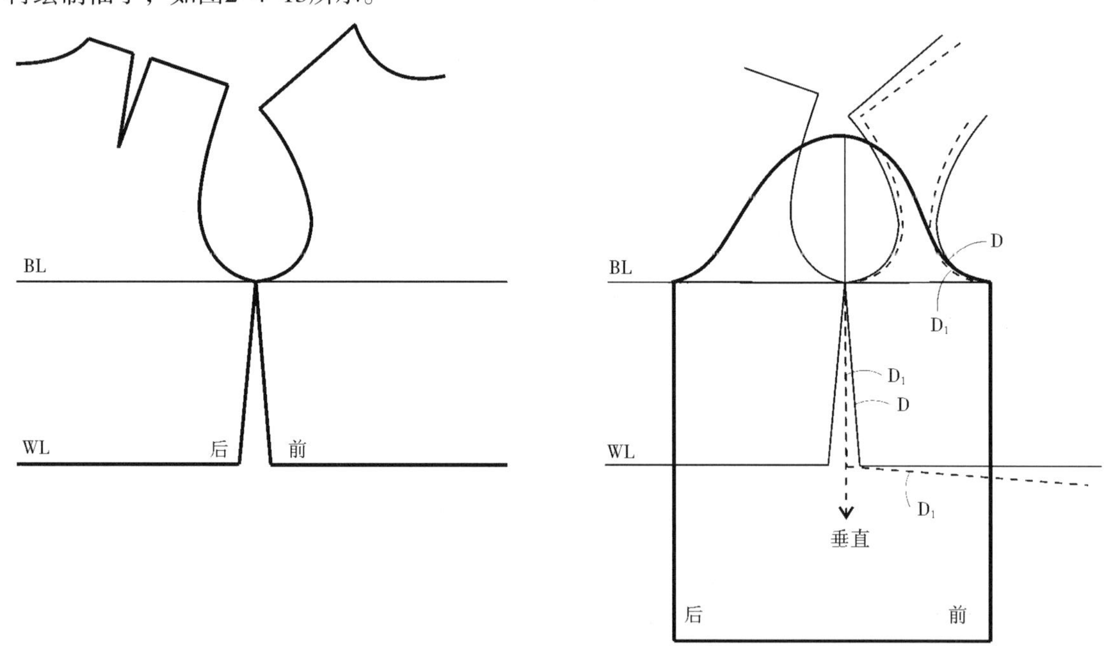

图2-4-15 侧缝收腰款式的袖山底弧线与袖窿弧线关系

（2）袖山弧线形态的构成原理：当袖窿弧线长AH一定时，袖山越低，则袖身肥而宽松，袖山造型平缓；袖山越高，则袖身瘦而合体，袖山造型饱满。

为保证合体袖型符合人体手臂趋前的特征，一般在袖窿设计的基础上设计袖山弧线，如图2-4-16所示，A为根据新文化式原型袖子制图方法设计的袖山弧线，C为调整后的袖山弧线，如图2-4-17所示，C前倾的趋势更明显，且袖口更贴近人体。

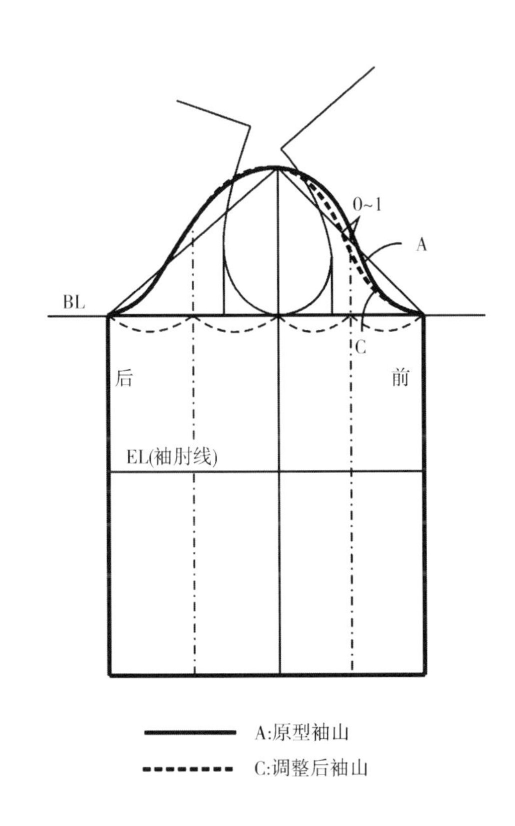

图2-4-16　两种袖山弧线形态的比较

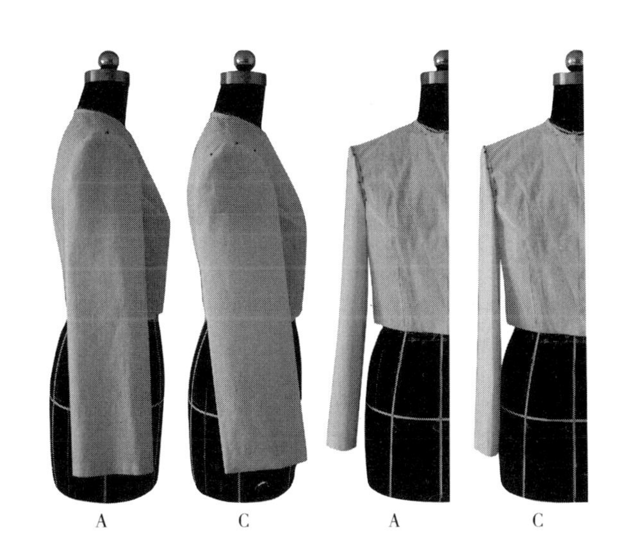

图2-4-17　两种袖山弧线形态的样衣比较

（二）袖身的设计原理

袖身造型分为直身型和弯身型两类。因为人体的手臂呈自然前倾状态，所以向前弯曲的弯身袖与直身袖相比更加合体。

1.直身袖的设计原理

如图2-4-18所示，新文化式原型的袖型为直身袖。直身袖的特点是从侧面看袖身为直线型。

因为袖窿形态的不同，直身袖可能偏前或垂直向下，如图2-4-6所示，A为垂直袖窿，所以袖身垂直向下；B为前倾袖窿，所以袖身呈前倾型。

直身袖的袖口可以设计成收小型，也可设计成敞开型，注意，当袖口收小时，袖底弧线会发生变化，要根据款式的要求进行调整。

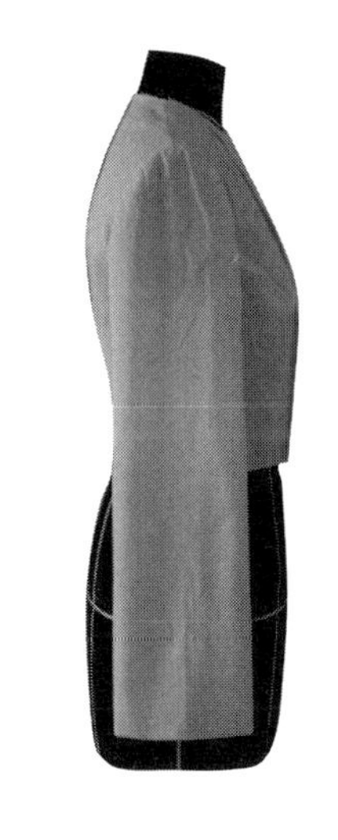

图2-4-18　直身袖

2.弯身袖的设计原理

因为人体的手臂向前自然弯曲，所以将袖身设计成向前弯曲型更符合人体特征，弯身袖可在原型袖身的基础上变化，变化方法如图2-4-19所示。

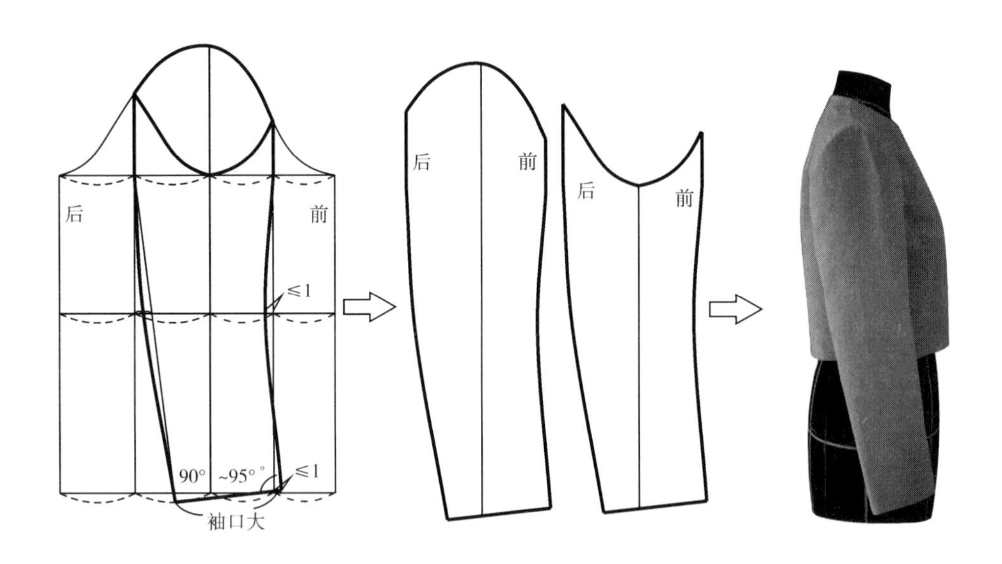

图2-4-19 弯身袖的构成原理

在传统的圆袖结构中，两片袖（西服袖）是弯身袖的典型代表。为了避免从正面看见袖缝，通常将大袖加宽，小袖减窄，使袖缝偏移，形成如图2-4-20所示的弯身袖结构。

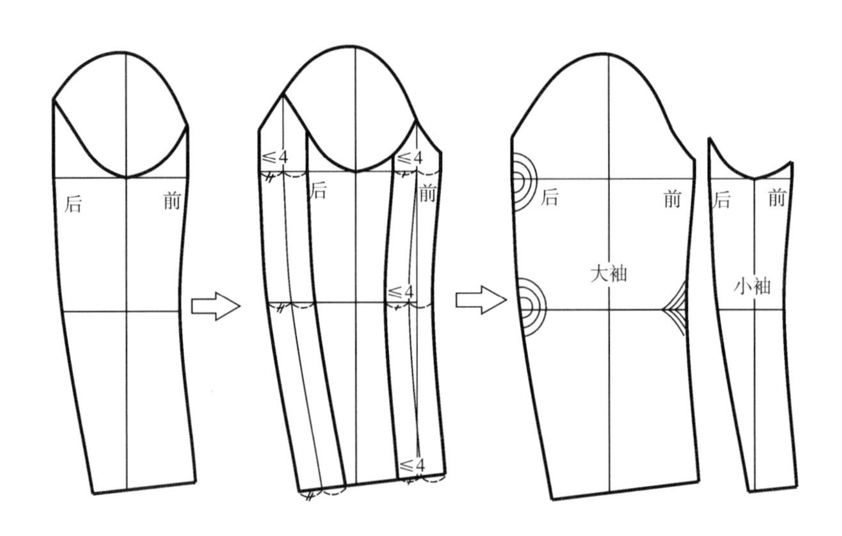

图2-4-20 两片弯身袖的偏袖示意

注意，当大袖加宽后向内折叠时，前袖缝需要拔开，后袖缝则需要归拢缩缝，这样才能保证前后袖缝成弧形。考虑到面料能够归拔的范围有限，一般大袖的偏移量≤4cm，后袖则可以不偏移或不平行偏移，如图2-4-21前三个案例所示。另外两片袖袖口的扣势则可以通过袖口偏袖量大于袖肘偏袖量实现，如图2-4-21最后一个案例所示。

当然弯身袖除了处理成两片甚至更多外，还可以处理成一片袖，如图2-4-22、图2-4-23所示，图2-4-22和图2-4-23只列出了两种弯身袖的变化方法，读者可以在此思路上继续拓展。

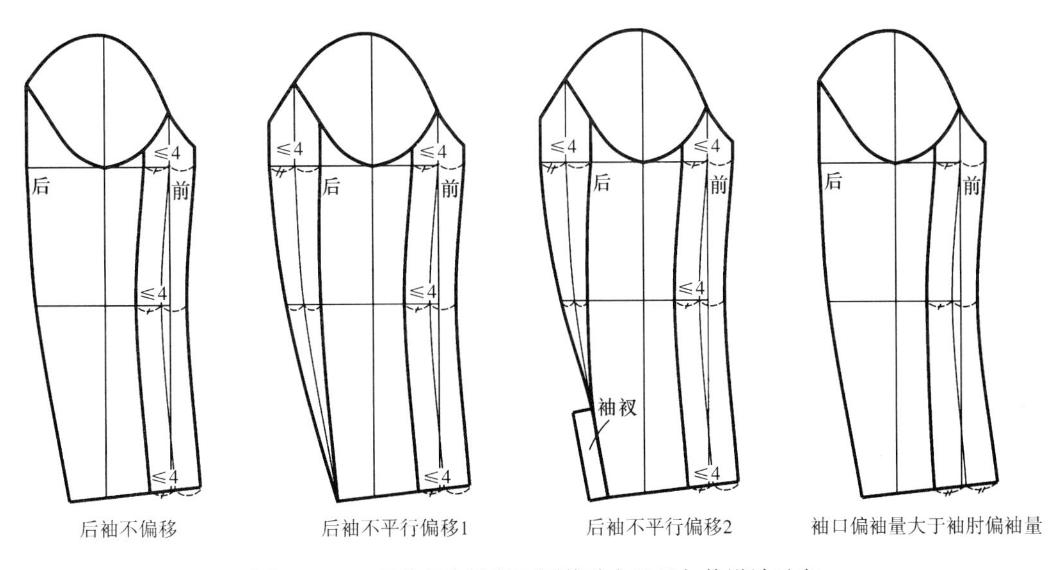

图2-4-21　两片弯身袖的不同偏袖方法及扣势设计示意

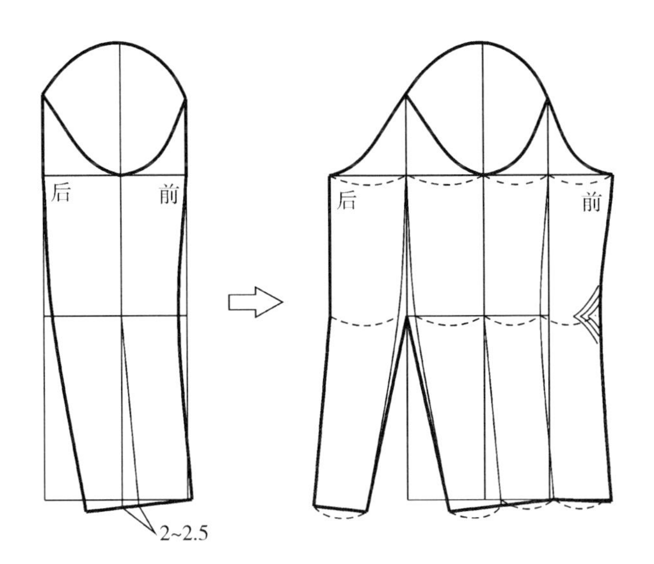

图2-4-22　有袖口省的一片弯身袖设计

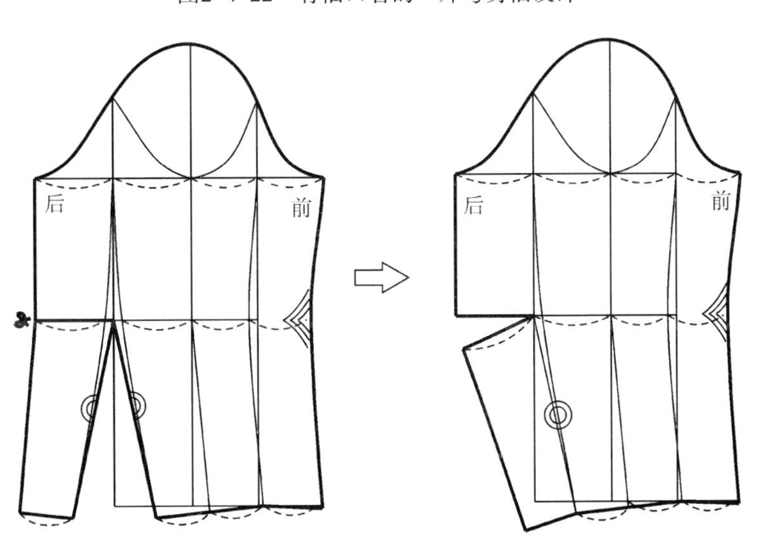

图2-4-23　有袖肘省的一片弯身袖设计

第五节　连身袖的构成原理

一、连身袖与装袖的结构关系

连身袖是将袖山与衣身组合连成一体形成的衣袖结构，连身袖的袖身部分可以局部或者全部与衣身相连，连身袖其实是装袖和衣身的组合，如图2-5-1所示。

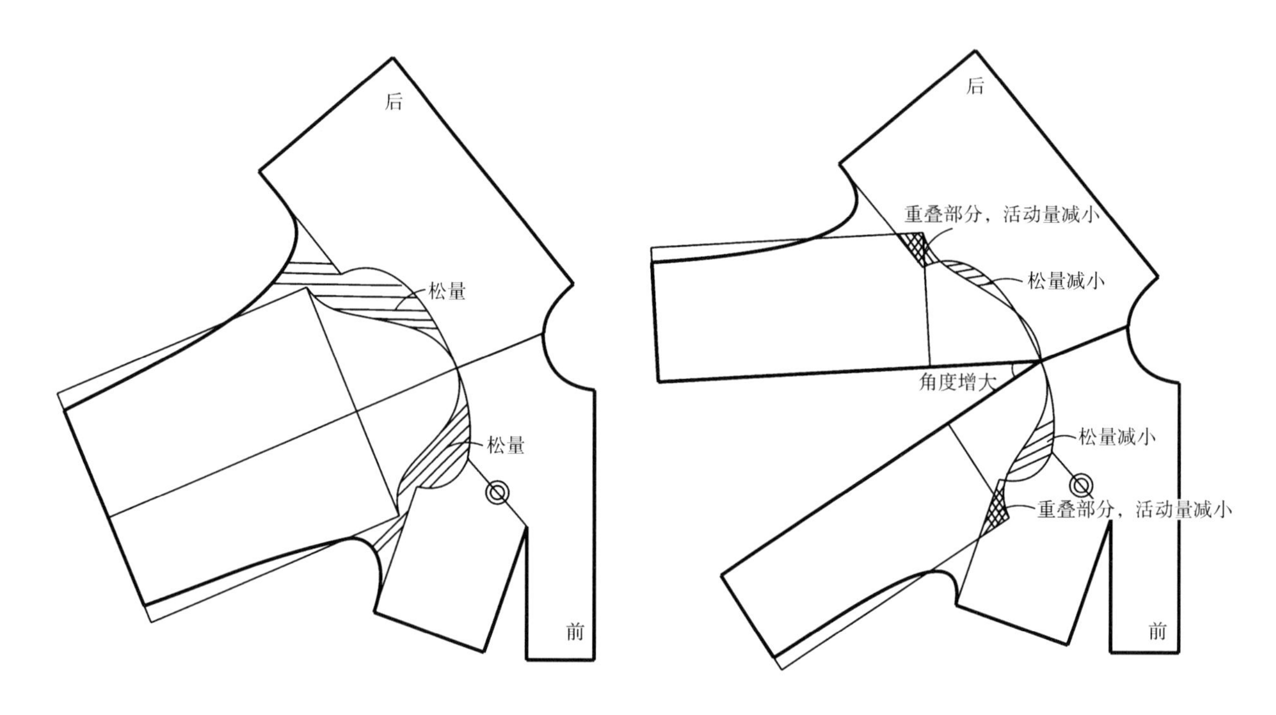

图2-5-1　连身袖与装袖的关系

二、连身袖的角度设计原理

如图2-5-1所示，阴影部分是连身袖与装袖相比多出的松量，穿着在人体上会形成斜向的褶皱，如果从袖中缝将袖子分为前后两片，并分别向前后衣身旋转，阴影部分的量会越来越少，袖子会由宽松向合体变化，同时袖山底部会逐渐与衣身重叠，重叠量越大，袖子损失的活动量越大，袖子的舒适度会降低。所以决定连身袖合体程度的首要因素是袖子与水平线的夹角，夹角越大，袖子越合体，但活动舒适性会降低。

设连身袖前片与水平线的夹角为α，设连身袖后片与水平线的夹角为β，如图2-5-2所示。

一般地，宽松连身袖的α为0°～22°；较宽松连身袖的α为22°～30°；较贴体连身袖的α为30°～45°；贴体连身袖的α为46°～60°。

当α小于40°时，β可与α取一样的角度；当$\alpha \geq 40°$时，$\beta = \alpha - (\alpha - 40°)/2$，此时服装举手最大角度＝$(\alpha + \beta)/2$。

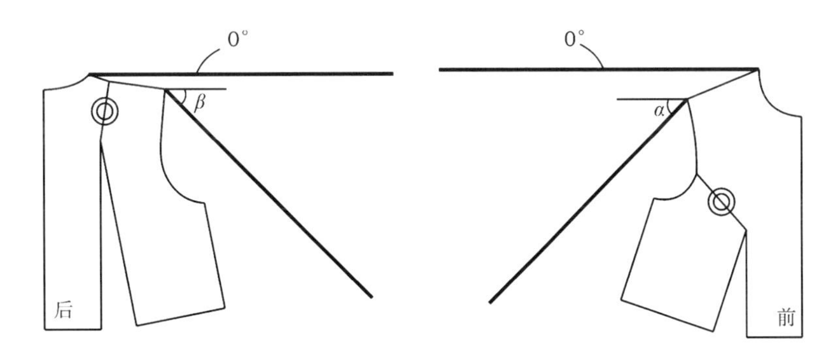

图2-5-2 连身袖的角度绘制示意

三、连身袖袖山高的设计原理

连身袖袖山高的设计方法同装袖。

四、连身袖袖身的设计原理

连身袖的袖身设计原理同装袖，连身袖的袖身既可以设计成如图2-5-3所示的直身型，也可以设计成如图2-5-4所示的弯身型，SL表示袖长，EL表示袖肘线，*P*点和*Q*点位于袖窿弧线上，其越偏上，袖子越合体，一般与胸围线BL的距离为前或后袖窿深的1/3 ~ 2/3。

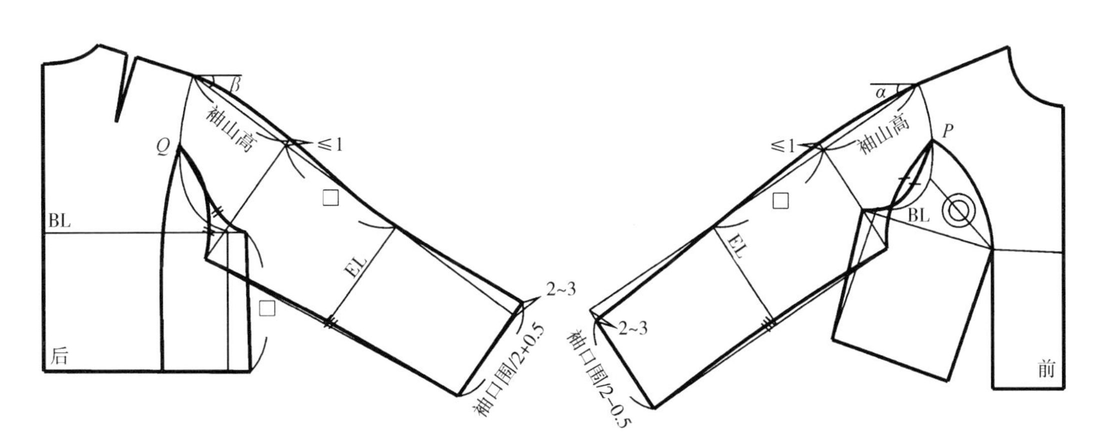

图2-5-3 直身型连身袖设计

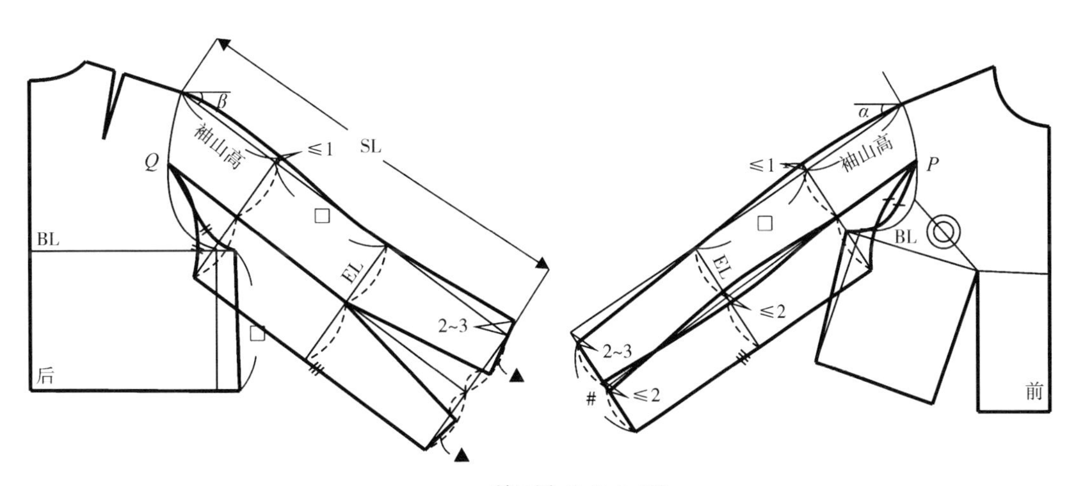

▲ =[袖口围−(#+1)−2~3]/2

图2-5-4 弯身型连身袖设计

五、连身袖的插角与分割设计

根据前文所述，夹角α越大，连身袖越合体，袖子与衣身的重叠量越大，损失的抬臂活动量就越大，因此为了既能保持连身袖造型，又能满足抬臂活动，可通过在服装腋下插入拼角或适当分割裁片的方式，放出重叠量。

如图2–5–5所示，袖子与衣身在阴影部位重叠，图2–5–6～图2–5–9展示的是如何放出重叠量，提高袖子运动功能的方法。

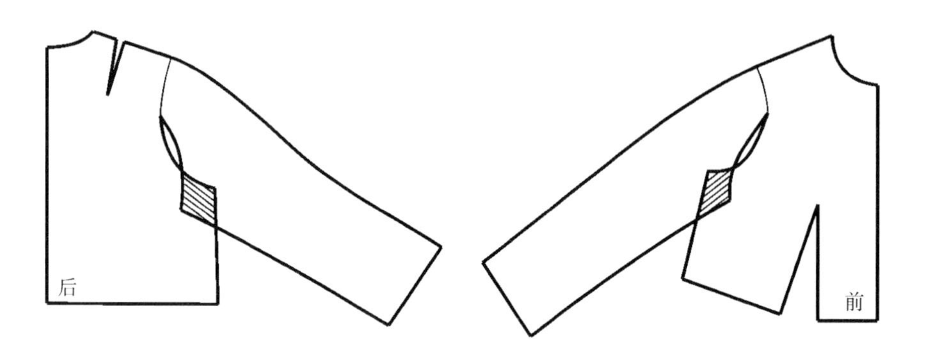

图2–5–5　连身袖的袖子与衣身重叠部分示意

如图2–5–6所示，在衣身和袖子同时插入拼角，拼角A中的宽度k可自行设计，k值越大，手臂上抬的量越大，k值越小，手臂上抬的量越小；拼角B是将前后两个三角拼合在一起，袖窿在腋下呈直线，比拼角A的弧线更宽松。这种拼角方式实际上是增加了服装的袖窿深，所以相比原连身袖裁片更宽松，且这种方式分割线靠腋下，较为隐蔽。

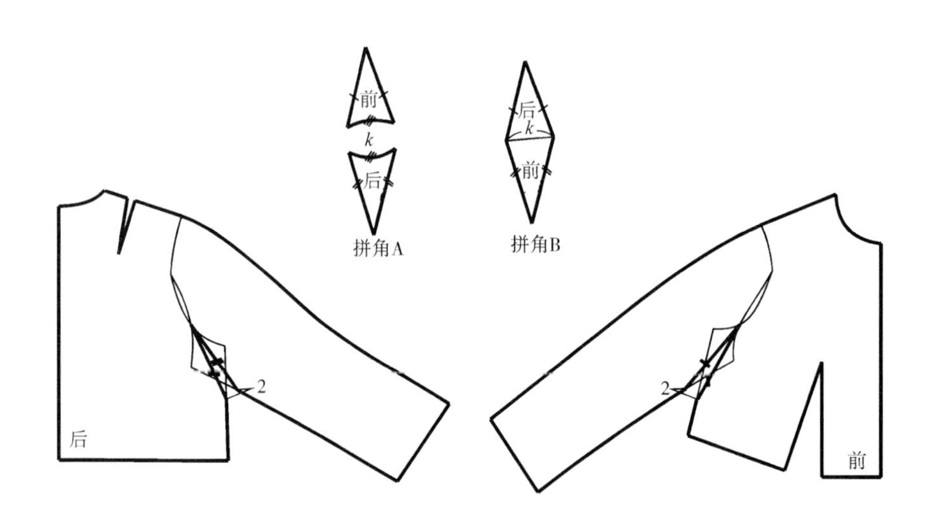

图2–5–6　连身袖的腋下四边形拼角示意

如图2–5–7所示，针对衣身和袖子的重叠量，在腋下拼角，为保证工艺可行，衣身和袖子之间要有2cm的缝份，袖子和衣身重叠的部分可单独裁剪，这样腋下重叠的部分就可完全放出，同时保证了原袖窿的深度和形状，这种拼角方式比图2–5–6所示的拼角方式更加合体。拼角C为前后片分别拼角，拼角D为将前后片拼角在袖缝部位拼合，两种方式拼角廓型和活动量一样，工艺和细部分割不同。

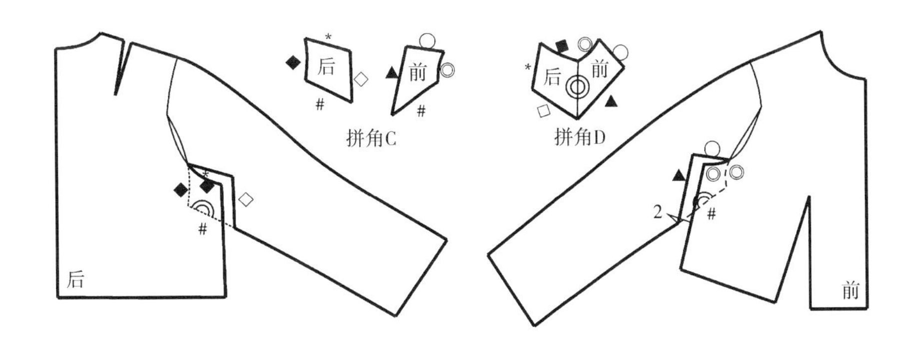

图2-5-7　连身袖的腋下六边形拼角示意图

如图2-5-8所示，针对衣身和袖子的重叠量，将袖子分割为两片，放出了重叠量。

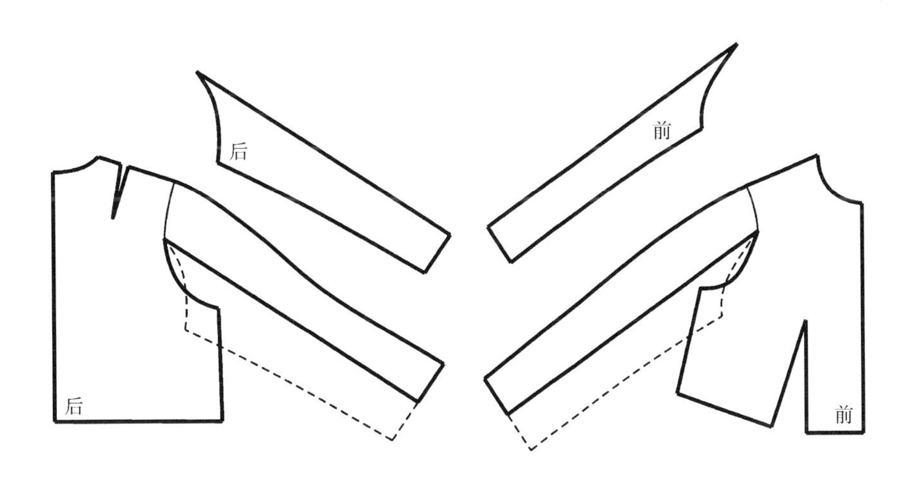

图2-5-8　连身袖的袖子分割示意

如图2-5-9所示，针对衣身和袖子的重叠量，将衣身进行适当分割，放出了重叠量。

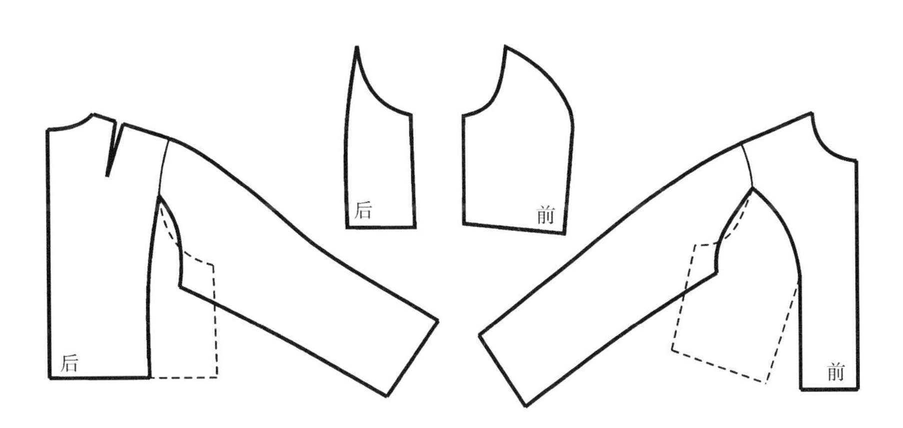

图2-5-9　连身袖的衣身分割示意

第六节　分割袖的构成原理

一、分割袖与连身袖的结构关系

分割袖是在连身袖的基础上将袖子和衣身分离，如图2-6-1所示，这时袖山底部与衣身的重叠部分会打开，袖子的活动量会增加，所以同样角度且未做处理的连身袖和分割袖相比，分割袖的活动舒适性要好些。

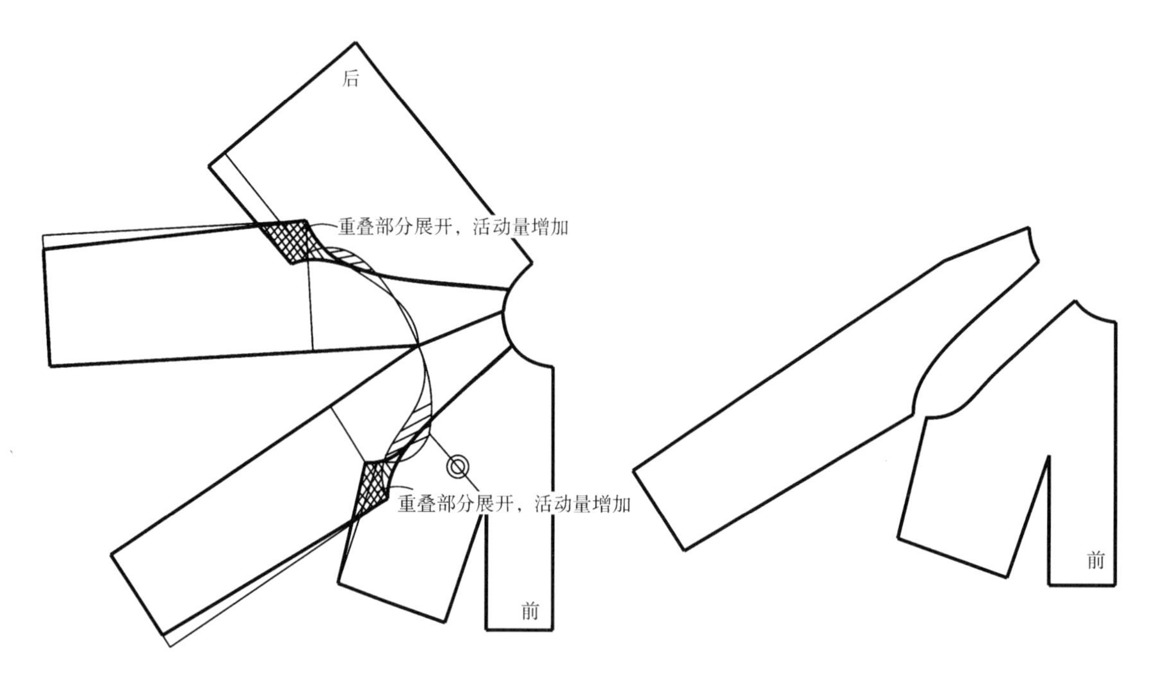

图2-6-1　分割袖与连身袖的关系示意

二、分割袖的角度设计原理

分割袖角度的设计方法同连身袖。

三、分割袖袖山高的设计原理

分割袖袖山高的设计方法同连身袖。

四、分割袖袖身的设计原理

分割袖袖身的设计方法同连身袖。

五、分割袖的分割线设计

分割袖的上部分割线主要是为了装饰，下部分割线更多兼具运动功能，如图2-6-2所示。

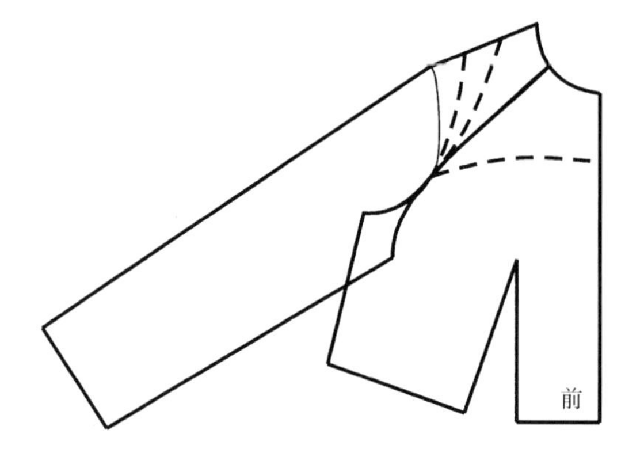

图2-6-2　分割袖的上部分割线设计图

第三章　无袖结构的变化与应用

第一节　无袖结构变化

一般无袖结构的变化主要体现在以下几个方面，如肩部形态的变化、袖窿深浅的变化、袖窿形状和装饰的变化。

一、肩部的变化

无袖结构在肩部的变化主要表现为宽窄的变化和高低的变化。

如图3-1-1所示为三宅一生的折纸系列肩部宽窄的自由变换。

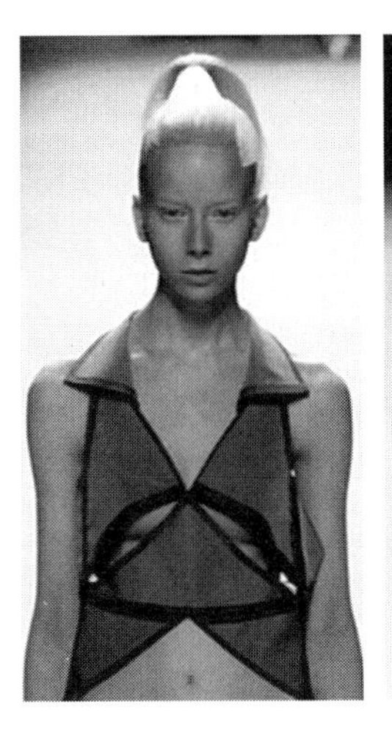

图3-1-1　无袖的肩部宽窄变化

无袖结构可在肩部或贴合人体，或偏离人体，如图3-1-2所示的香奈尔服装系列，左图肩部合体，中图和右图则在肩部用面料的硬挺度或垫肩的厚度使服装肩部偏离人体。

图3-1-2　无袖的肩部高低变化

二、袖窿深浅的变化

无袖结构通过袖窿深浅的变化既可以丰富造型，也可以满足不同类型服装的功能。如图3-1-3所示的亚当（ADAM）的服装系列，左图为贴身穿着的无袖连衣裙，为避免走光，袖窿较浅；右图为宽松的马甲，袖窿较深。

图3-1-3　无袖的袖窿深浅变化

三、袖窿形状的变化

无袖结构的袖窿变化形式多样，既可以是图3-1-3左图所示的圆袖窿，也可以是图3-1-3右图所示的尖袖窿，还可以变化成图3-1-4所示的方袖窿。

图3-1-4　无袖的袖窿形状变化

四、装饰的变化

为丰富无袖结构的设计感，可通过增加装饰带、蝴蝶结、花边、襻等方式丰富造型，如图3-1-5所示。

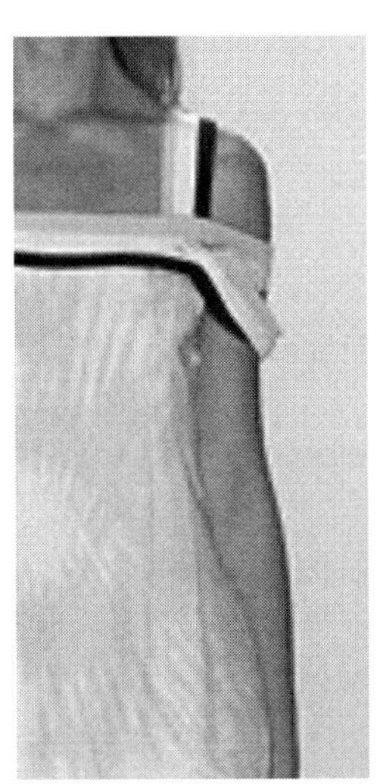

图3-1-5　无袖的装饰变化

第二节 设计案例分析

一、案例1：合体入肩式无袖（图3-2-1）

（一）规格设计（表3-2-1）

表3-2-1 规格表 单位：cm

160/84A	B	W	S
人体尺寸	84	68	39.4
原型尺寸	96	96	39
服装尺寸	88.6	71	34.6

图3-2-1 合体入肩式无袖

（二）制图要点

本书案例的衣身全部采用新文化式原型制图，制图时以表现袖型结构为主，与袖型无关部分省略。

根据图3-2-1所示的款式图，分析该款为合体无袖结构，圆袖窿。

如图3-2-2所示，原型前片的袖窿省全部处理为省道；后肩省转移0.3cm到后领口，留0.3cm在后小肩做缩缝量，剩余部分在肩端挖掉部分（通过后肩端减窄3cm，前肩端减窄2.2cm的方式解决）。此款服装在原型袖窿深的基础上抬高了0.5～1cm，前后袖窿贴边宽3cm。

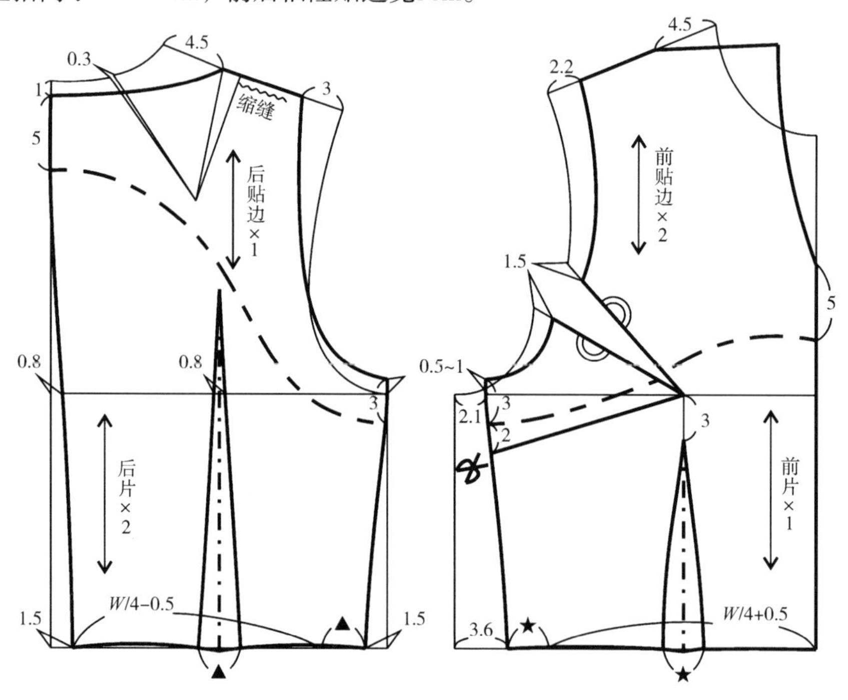

图3-2-2 结构图

二、案例2：出肩式无袖（图3-2-3）

（一）规格设计（表3-2-2）

表3-2-2　规格表　　单位：cm

160/84A	*B*	*S*
人体尺寸	84	39.4
原型尺寸	96	39
服装尺寸	94	46.2

图3-2-3　出肩式无袖

（二）制图要点

根据图3-2-3所示的款式图，分析该款为较合体的出肩式无袖结构，圆袖窿。

如图3-2-4所示，将原型前片袖窿省留0.5cm在袖窿作为松量，其余部分转移到腰上；后肩省转移0.3cm到后领口，肩部缩缝0.5cm；为保证抬臂舒适，前后片在肩端分别上抬0.5cm活动量。

此款无袖结构服装在原型袖窿深的基础上抬高了1cm，袖窿采用45°斜条的工艺，斜条纸样宽2.5cm，长度比前后袖窿弧长总和稍短，缝制后宽约0.6cm。

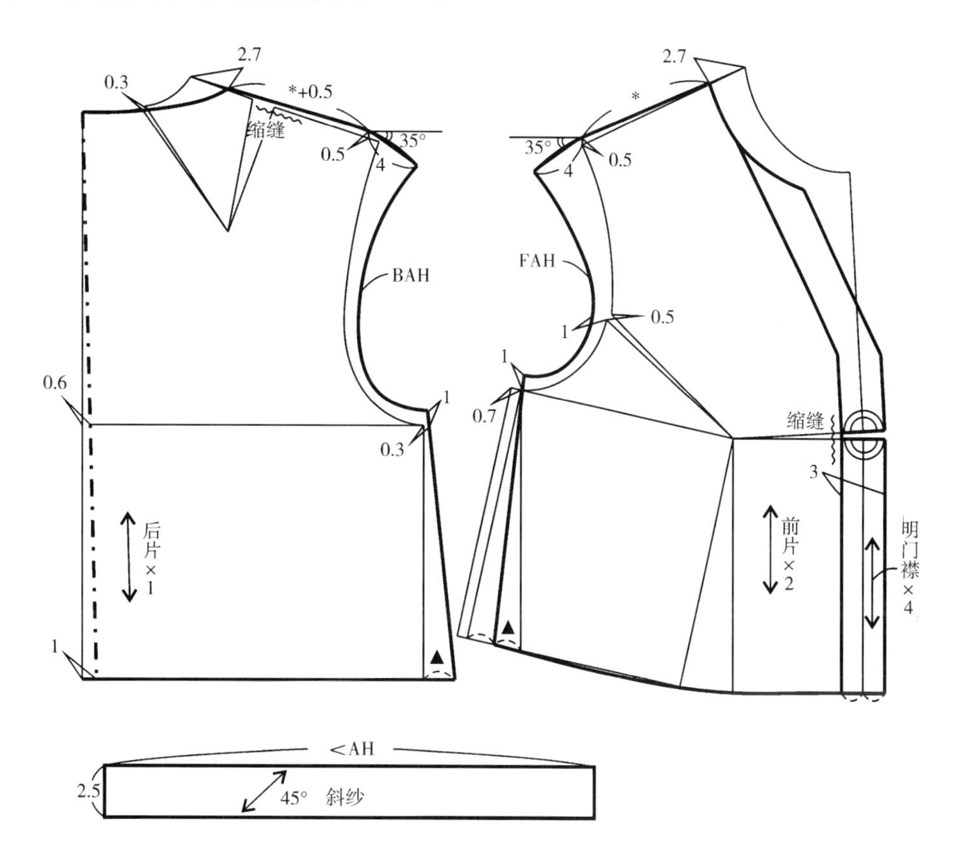

图3-2-4　结构图

三、案例3：带垫肩式无袖（图3-2-5）

（一）规格设计（表3-2-3）

表3-2-3 规格表　　单位：cm

160/84A	*B*	*W*	*S*	垫肩厚
人体尺寸	84	68	39.4	—
原型尺寸	96	96	39	—
服装尺寸	92	82	35	1.5

图3-2-5　带垫肩式无袖

（二）制图要点

根据图3-2-5所示的款式图，分析该款为较合体、外穿式无袖结构，加垫肩，圆袖窿。由于肩部装了垫肩，人体起伏变小，所以胸省和肩省的量要相应减小。

如图3-2-6所示，原型前片袖窿省分为两部分：一是留0.8cm的胸省在袖窿作为松量，比无垫肩款式放松量略大；二是其余留作胸省，后期制图时根据款式处理。后肩省分为三部分：一是转移0.3cm到领口；二是为满足垫肩的需要，转移部分肩省至后袖窿（约0.7cm）；三是肩部挖掉0. 3cm（通过后肩端减窄2.3cm，前肩端减窄2cm的方式解决）。

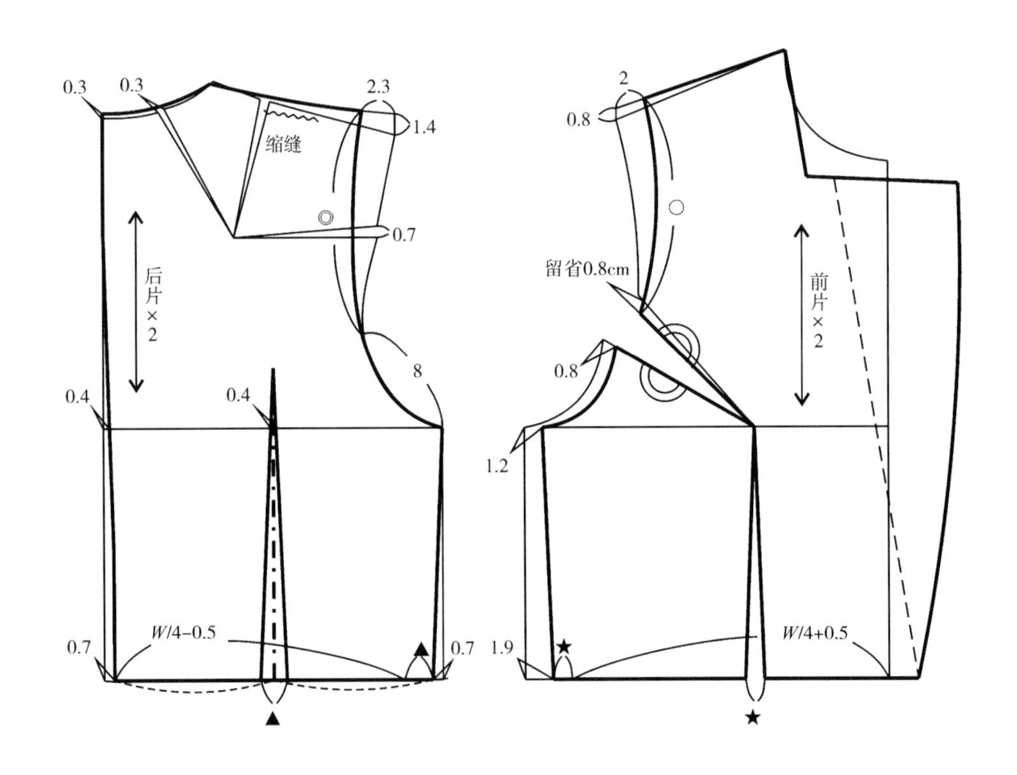

图3-2-6　衣身结构图

前肩端抬高0.5倍垫肩厚度，约为0.8cm，后肩端抬高0.9倍垫肩厚度，约为1.4cm。本款为外穿式无袖结构，袖窿深度不变，也可向下挖深。

图3-2-5所示的款式，垫肩被包覆在外层衣身和里层贴边之间，挂面和贴边的结构如图3-2-7所示，垫肩包条的裁剪方法如图3-2-8所示。

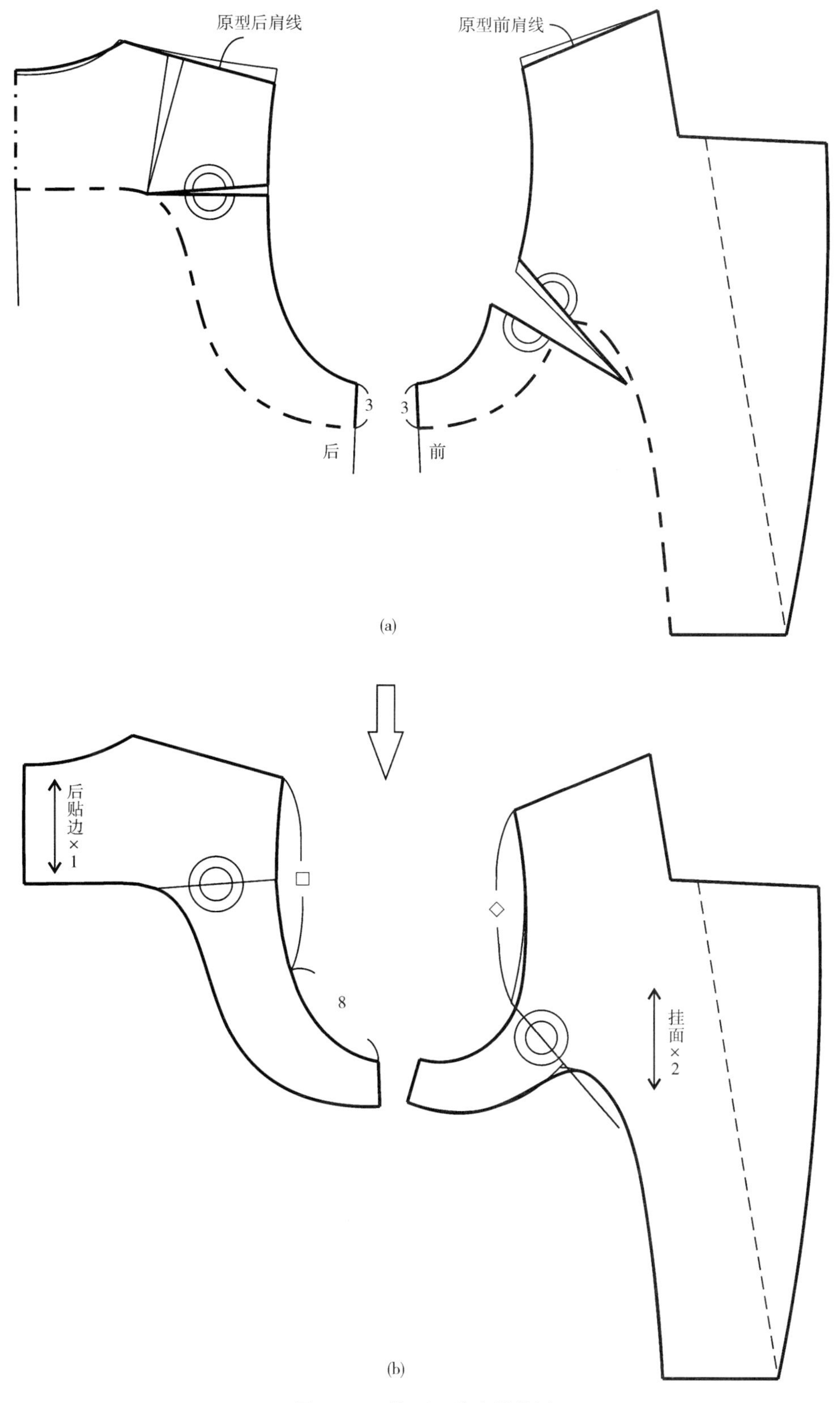

图3-2-7　挂面、贴边结构图

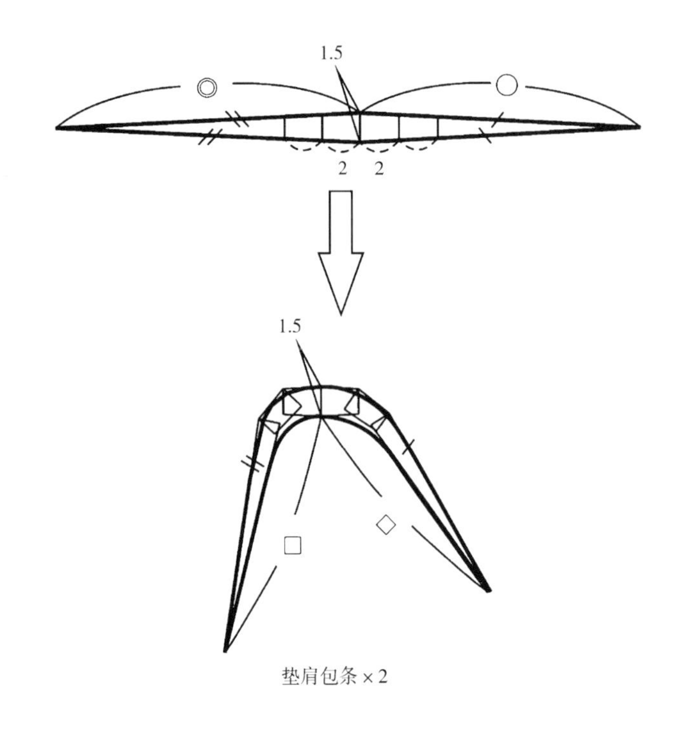

图3-2-8 垫肩包条结构图

（三）白坯布样衣效果

如图3-2-9所示。

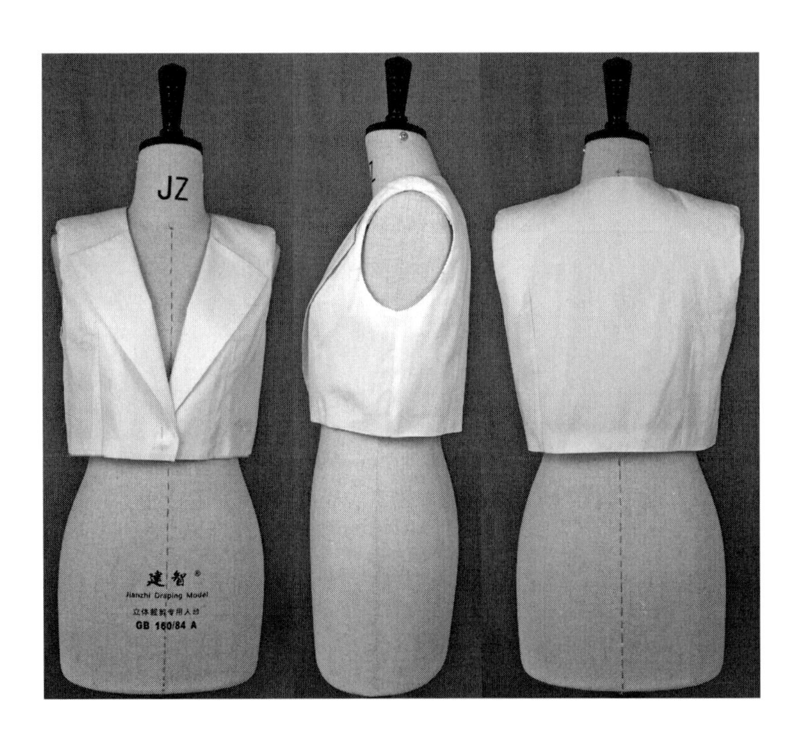

图3-2-9 白坯布样衣效果

四、案例4：入肩式方袖窿无袖（图3-2-10）

（一）规格设计（表3-2-4）

表3-2-4　规格表　　单位：cm

160/84A	*B*	*W*	*S*
人体尺寸	84	68	39.4
原型尺寸	96	96	39
服装尺寸	88	70	30

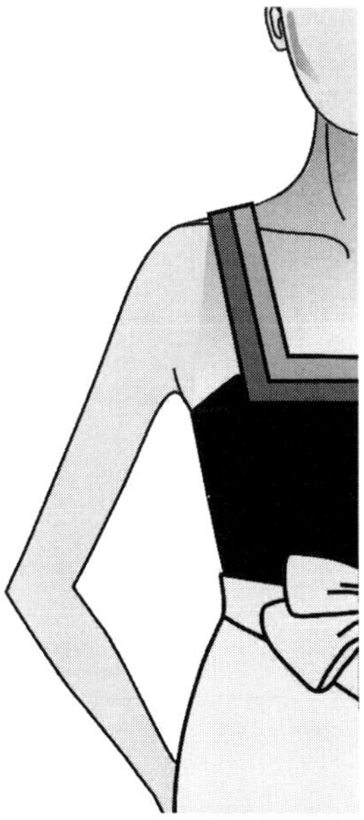

（二）制图要点

根据图3-2-10所示的款式图，分析该款为合体、贴身入肩式无袖结构，方袖窿。

图3-2-10　入肩式方袖窿无袖

如图3-2-11所示，原型前片袖窿省全部留在袖窿待后期处理时转入分割线，因为本款领口开得较低，所以领口处需要增加省量，本例增加0.5～1cm，具体尺寸根据个人胸部形态调整，增加省量在后期转入分割线；后肩省在后横开领处减少0.3cm（通过后横开领开大4.3cm，前横开领开大4cm的方式解决）。

此款服装袖窿深为原型袖窿深，后袖窿贴边宽3cm，其余部分根据具体款式自行设计。

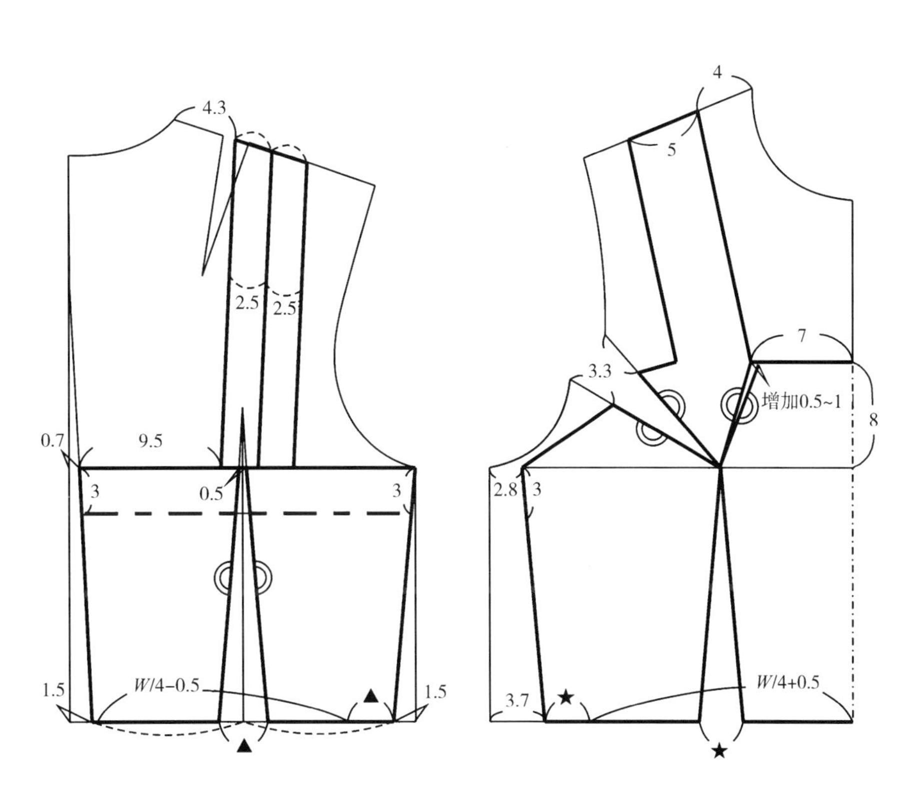

图3-2-11　衣身结构图

如图3-2-12所示，为方便制图，将前片的领口省和袖窿省全部转移到腰部，再绘制前片和前侧片的分割线。前袖窿贴边宽3cm。其余部分根据具体款式自行设计。

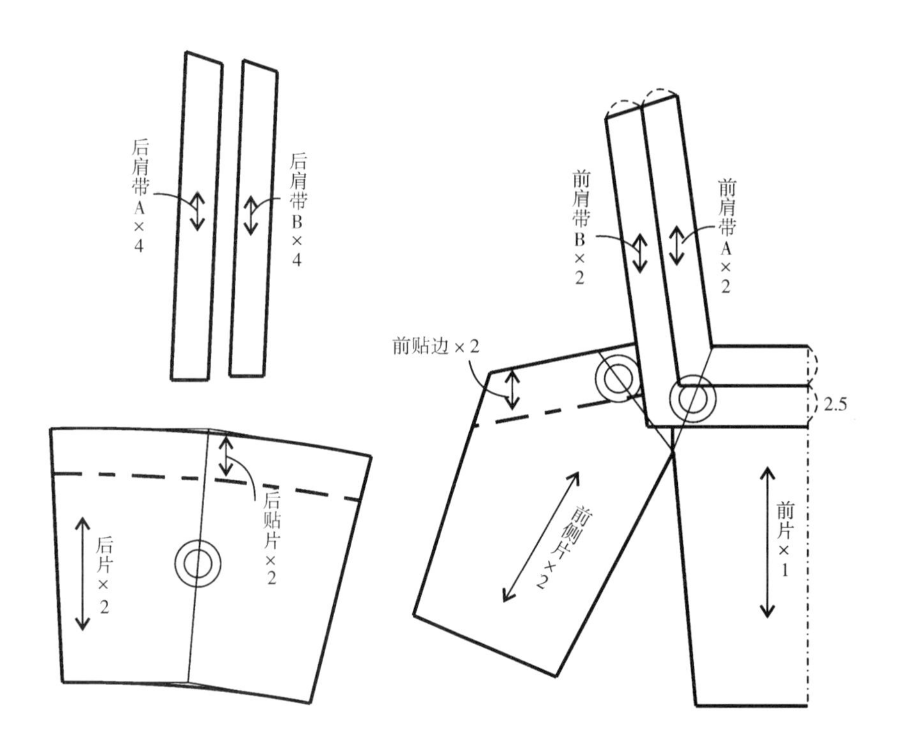

图3-2-12　肩带、贴边和衣身结构图

（三）白坯布样衣效果

如图3-2-13所示。

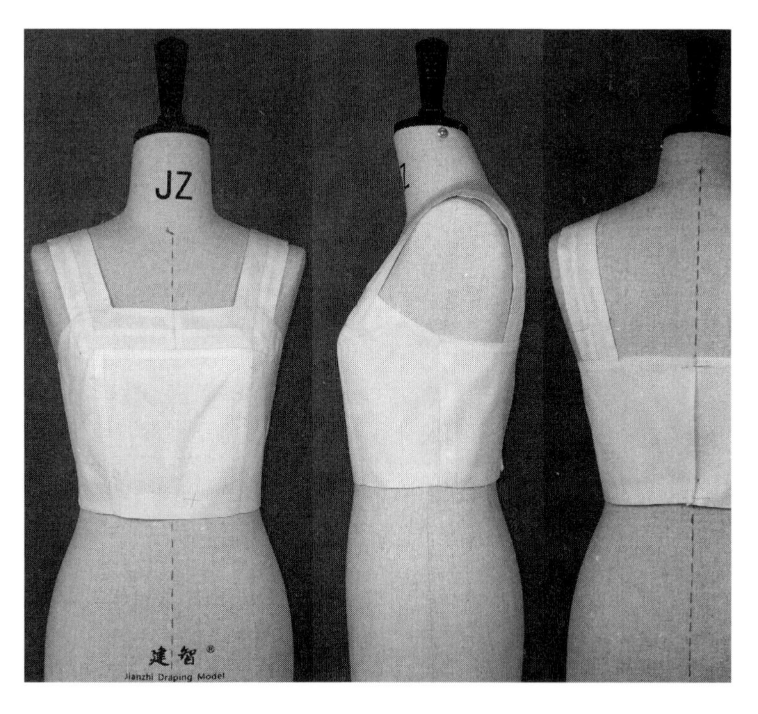

图3-2-13　白坯布样衣效果

五、案例5：入肩式外套类无袖（图3-2-14）

图3-2-14 入肩式外套类无袖

（一）规格设计（表3-2-5）

表3-2-5 规格表 单位：cm

160/84A	B	W	S
人体尺寸	84	68	39.4
原型尺寸	96	96	39
服装尺寸	94	86	32

（二）制图要点

根据图3-2-14所示的款式图，分析该款为较宽松的入肩式无袖结构，袖窿比原型深，尖袖窿。

如图3-2-15所示，留原型前片袖窿省1.7cm在袖窿作为松量，其余部分留在袖窿待后期制图时转移到腰上；后肩省分为三部分：一是转移0.3cm到领口；二是为与前袖窿松量保持平衡，转移部分肩省至后袖窿（约1.2cm）；三是将剩余部分在肩部缩缝。

此款服装在原型袖窿深的基础下挖3cm，袖窿贴边宽3cm，其余部分根据具体款式自行设计。

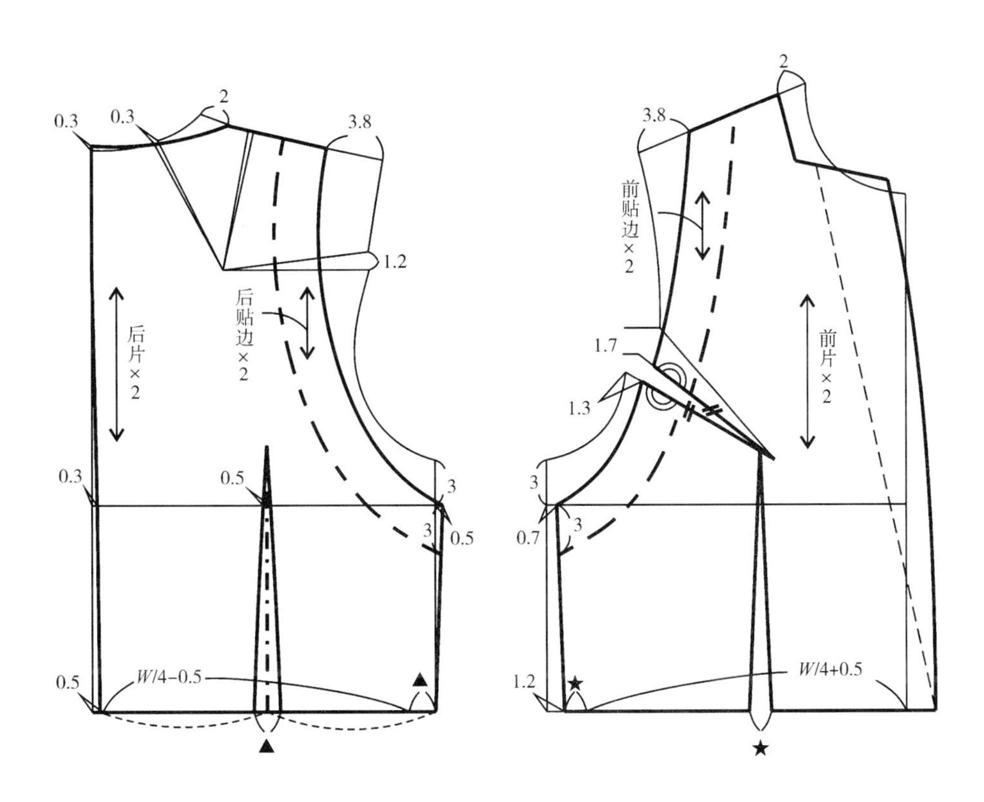

图3-2-15 结构图

第四章　装袖结构的变化与应用

第一节　装袖结构变化

装袖结构的变化主要体现在以下几个方面：袖子合体程度的变化、袖子长短的变化、袖山的变化、袖身的变化和装饰的变化。

一、袖子合体程度的变化

根据服装整体风格不同，装袖造型可在合体与宽松之间变化，如图4-1-1所示，左图装袖，袖身合体，袖山饱满；右图装袖，袖身宽松，袖山平整。

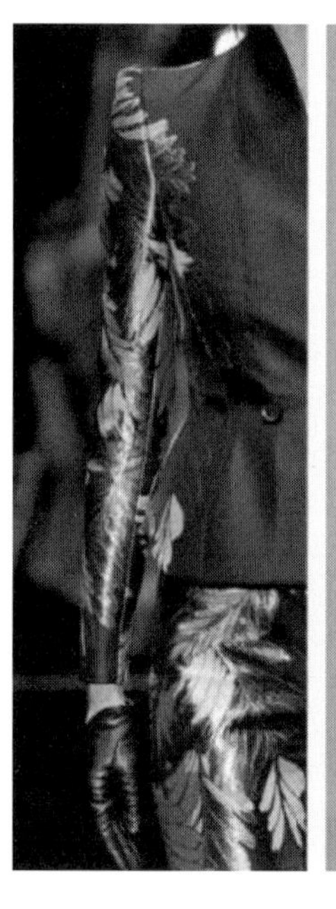
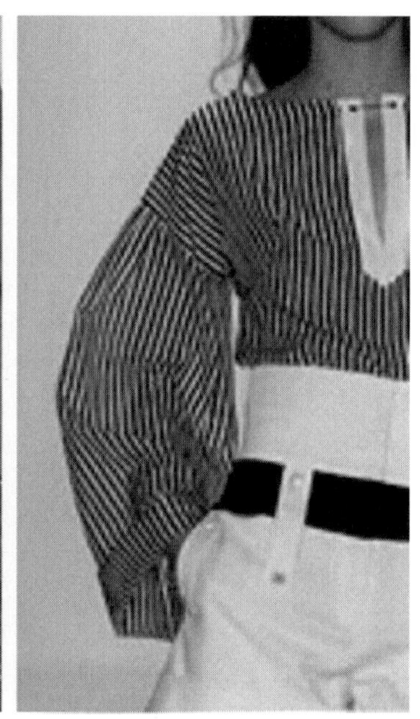

图4-1-1　装袖的合体与宽松变化

二、袖子长短的变化

装袖的长短变化十分丰富，如图4-1-2所示。

图4-1-2　装袖的长短变化

三、袖山的变化

装袖经常会在袖山上进行各种结构变化，如图4-1-3所示，或应用立体几何分割夸张袖山，或利用拉展褶皱丰富袖山，或做减法镂空袖山。

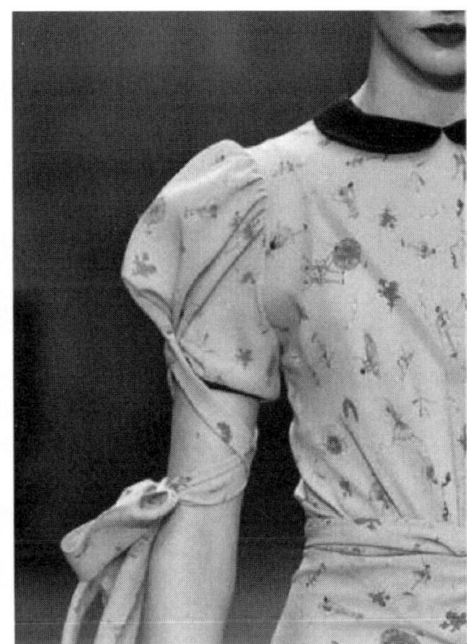

图4-1-3　装袖的袖山变化

四、袖身的变化

装袖结构的袖身变化十分丰富，可通过省道、分割、褶皱等方式将袖身设计成直身型或弯身型，也可利用上述方式将袖身由圆改方，如图4-1-4所示。

图4-1-4　装袖的袖身变化

五、装饰及其他的变化

装袖结构的变化十分丰富，除了上述变化以外，还可通过在袖山、袖身、袖口等不同部位增加波浪、褶皱、襻、扣等其他装饰丰富视觉效果，如图4-1-5的左、右图所示。另外装袖还可以通过改变袖窿和袖山、袖子和衣身之间的关系来丰富视觉效果，如图4-1-5的中图所示。

图4-1-5　装袖的装饰等变化

第二节　设计案例分析

一、案例1：泡泡短袖（图4-2-1）

图4-2-1　泡泡短袖

（一）规格设计（表4-2-1）

表4-2-1　规格表　　单位：cm

160/84A	*B*	*S*	SL
人体尺寸	84	39.4	50.5
原型尺寸	96	39	—
服装尺寸	96	35	22

（二）制图要点

根据图4-2-1所示的款式，分析该款袖型为泡泡短袖，衣身较为宽松。

衣身结构制图如图4-2-2所示，原型前片的袖窿省留0.8cm作为袖窿松量，其余部分转移至侧缝待后期处理为前中褶皱；后肩省转移0.3cm到后领口，剩下留作肩省，后期根据款式自行处理。前片胸围减小0.7cm，后片胸围加大0.7cm，前后肩宽均减窄2cm，前袖窿弧长为FAH，后袖窿弧长为BAH。

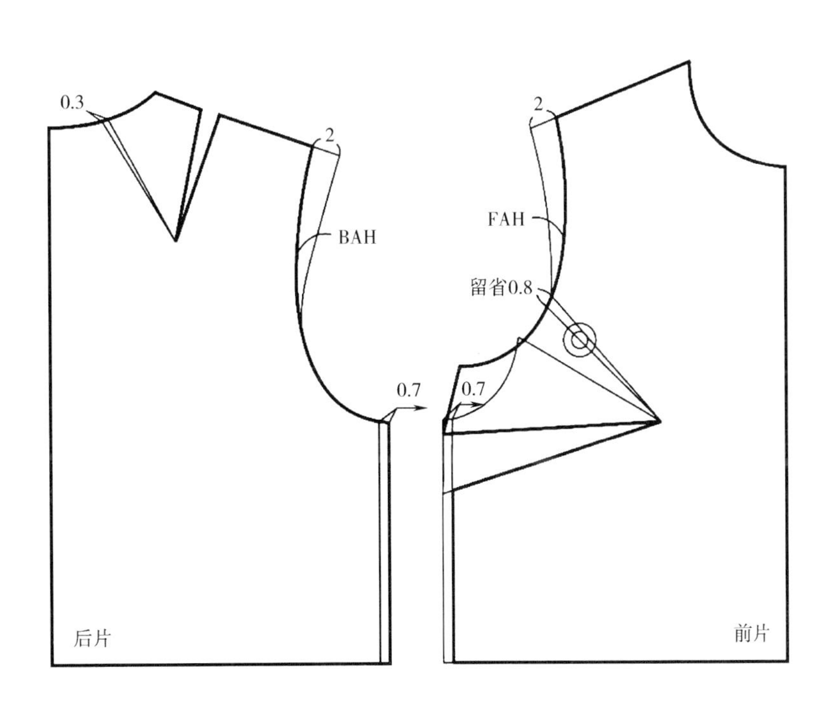

图4-2-2　衣身结构图

袖子结构基本制图如图4-2-3的左图所示，复制出前后衣身的袖窿，袖山高为5/6前后平均袖窿深，袖身长为SL，前袖山斜线为FAH，后袖山斜线为BAH。分别等分前后袖宽，过等分点做垂线，再分别以两条垂线为对称轴，对称复制前后袖窿弧线；然后根据前后袖窿弧线形态绘制袖山弧线，袖底弧线与袖窿弧线吻合；最后根据款式绘制袖口弧线、袖山褶皱及分割辅助线。

完成基本结构图后如图4-2-3的右图所示，沿分割线拉展袖山，袖山抬高量为2cm，画顺袖山弧线，袖山拉展的长度为碎褶量。

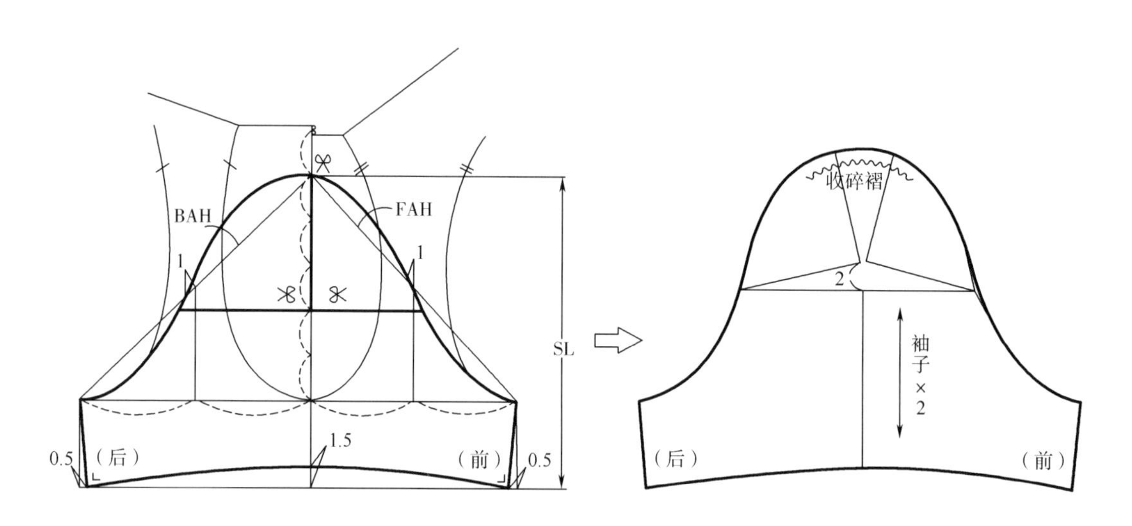

图4-2-3　袖子结构图

二、案例2：垂褶短袖（图4-2-4）

（一）规格设计（表4-2-2）

表4-2-2　规格表　　单位：cm

160/84A	*B*	*S*	SL
人体尺寸	84	39.4	50.5
原型尺寸	96	39	—
服装尺寸	96	35	25

（二）制图要点

根据图4-2-4所示的款式，分析该款袖型为垂褶短袖。

衣身制图同图4-2-2。

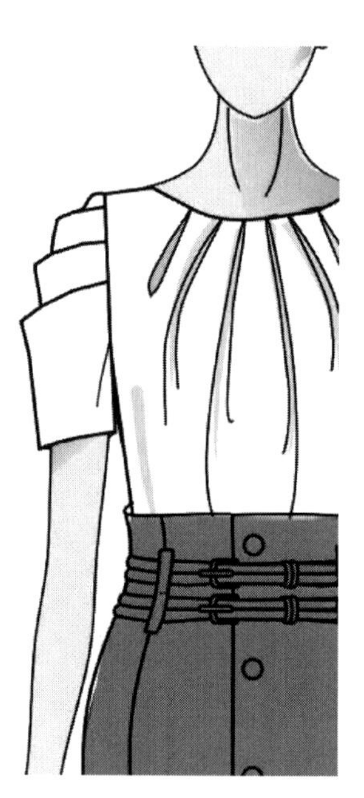

图4-2-4　垂褶短袖

袖子结构基本制图如图4-2-5的左图所示，同案例1泡泡袖的袖子基本制图。然后如图4-2-5的中图所示，根据款式绘制袖山褶皱及分割辅助线。最后沿分割线向上垂直拉展袖山，每个褶皱宽为5cm，为保证垂褶效果，每个褶皱的下缘向外延长，画顺袖山弧线，如图4-2-5的右图所示。

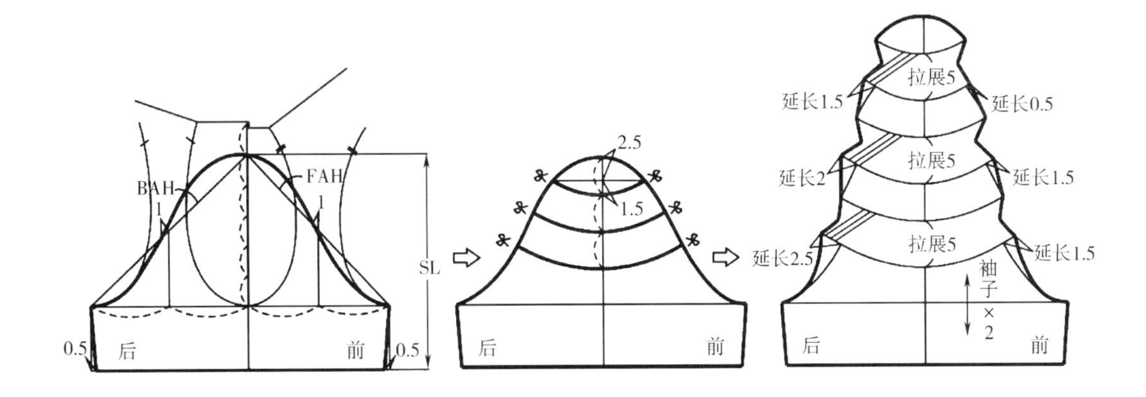

图4-2-5　袖子结构图

（三）白坯布样衣效果

如图4-2-6所示。

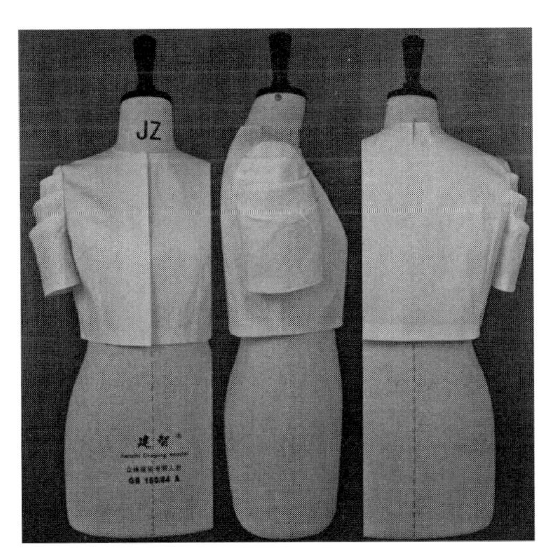

图4-2-6　白坯布样衣效果

三、案例3：落肩灯笼型中袖（图4-2-7）

（一）规格设计（表4-2-3）

表4-2-3　规格表　　单位：cm

160/84A	*B*	*S*	SL
人体尺寸	84	39.4	50.5
原型尺寸	96	39	—
服装尺寸	100	44	35

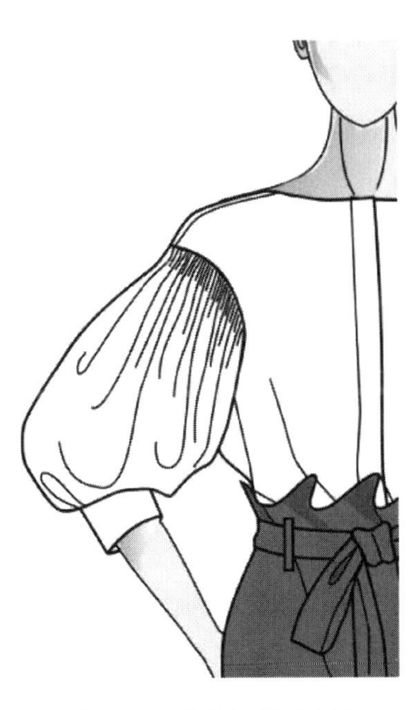

图4-2-7　落肩灯笼型中袖

（二）制图要点

根据图4-2-7所示的款式，分析该款袖型为落肩灯笼型中袖，衣身宽松。

衣身结构制图如图4-2-8所示，原型前片袖窿省留1/2在袖窿作为松量（其中0.8cm为舒适性松量，#为造型松量），其余部分转移至腰部作为腰部松量。后肩省分为三部分：一是转移0.3cm到领口；二是为与前袖窿松量保持平衡，转移部分肩省至后袖窿（约#）；三将剩余省量在肩部缩缝。后片胸围加大2cm，前后袖窿挖深3cm，前后肩宽均加宽2.5cm，前袖窿弧长为FAH，后袖窿弧长为BAH。

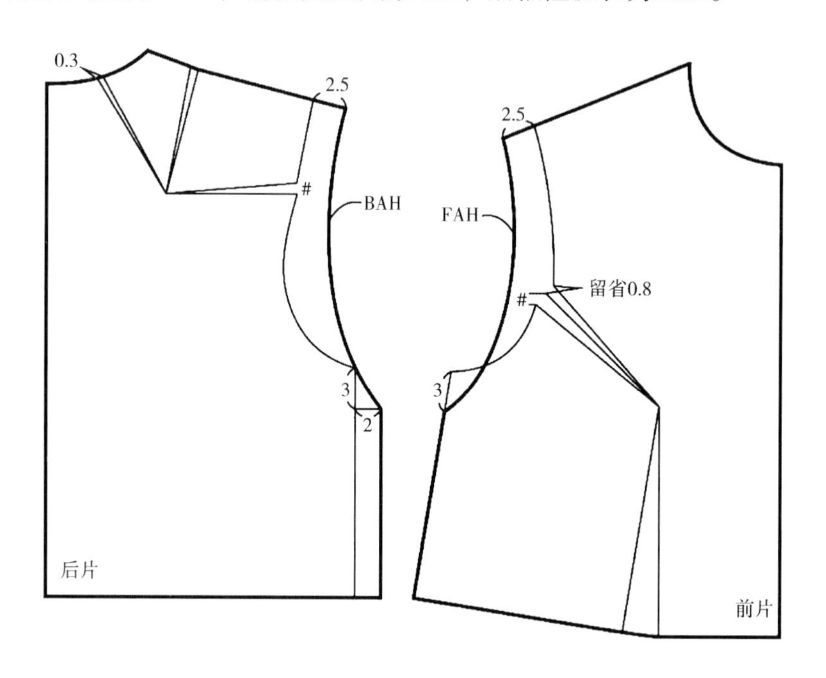

图4-2-8　衣身结构图

袖子结构制图如图4-2-9的左图所示，复制出前后衣身的袖窿，袖山高为2/3前后平均袖窿深，袖身长为SL-4cm，前袖山斜线为FAH，后袖山斜线为BAH。然后绘制袖山弧线并分别等分前后袖口，绘制褶皱展开线。绘制袖头，袖头宽5.5cm，长27cm。最后如图4-2-9的右图所示，水平拉展放出碎褶量，画顺袖山弧线。

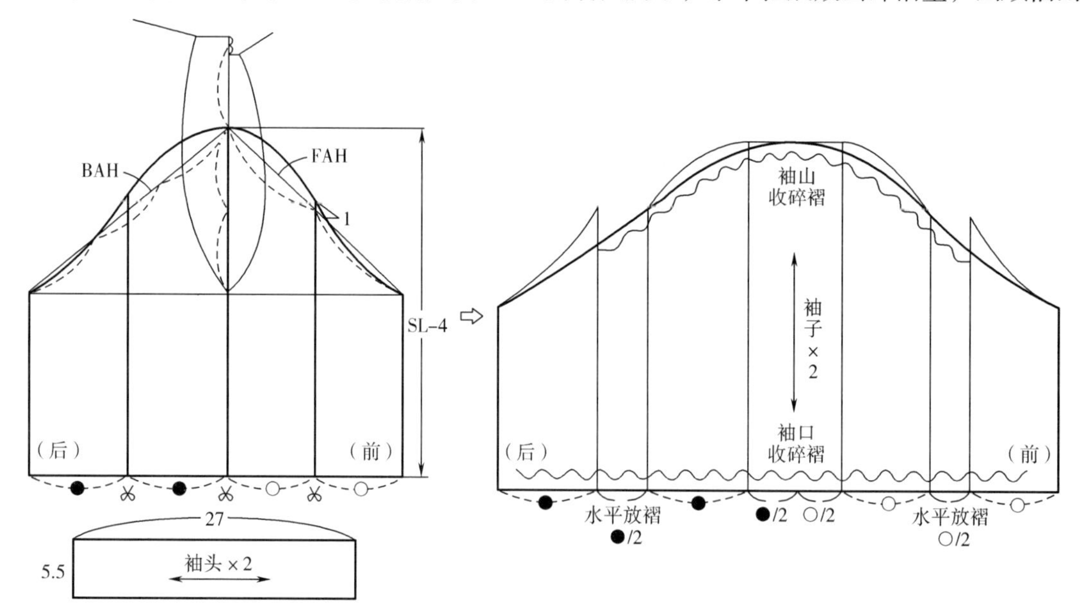

图4-2-9　袖子结构图

（三）白坯布样衣效果

如图4-2-10所示。

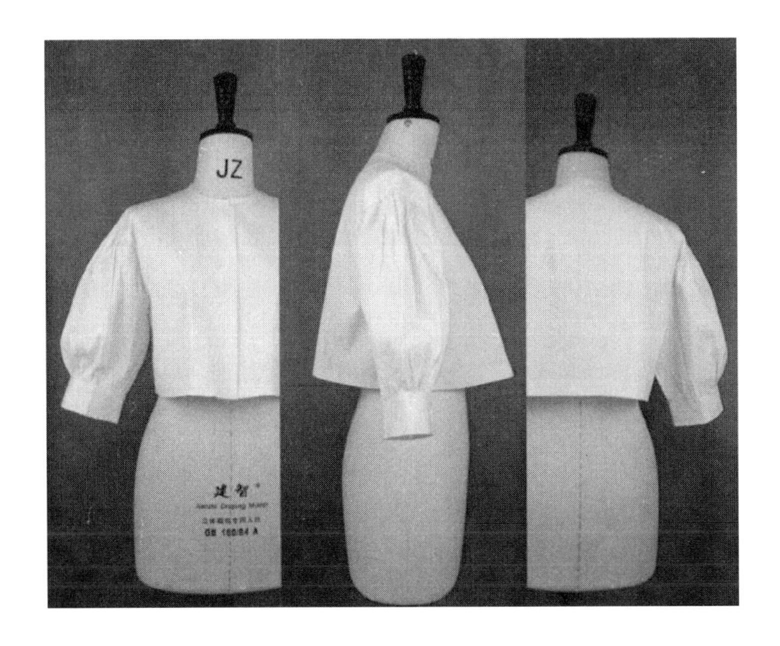

图4-2-10　白坯布样衣效果

四、案例4：袖山立体褶短袖（图4-2-11）

（一）规格设计（表4-2-4）

表4-2-4　规格表　　单位：cm

160/84A	B	W	S	SL
人体尺寸	84	68	39.4	50.5
原型尺寸	96	96	39	—
服装尺寸	90	74	35.5	23

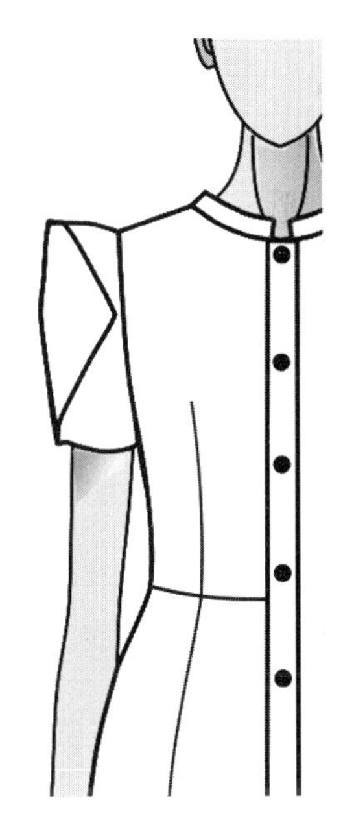

图4-2-11　袖山立体褶短袖

（二）制图要点

根据图4-2-11所示的款式，分析该款袖型为异型短袖。

衣身基本结构制图如图4-2-12左图所示，前片胸省留0.8cm作为袖窿舒适性松量，基余转移到腰省里。后片肩省分为三部分：一是转移0.3cm到领口；二是留0.7cm在肩缝缩缝；三是将剩余部分在肩部削掉。

袖子基本结构制图如图4-2-12右图所示，复制出前后衣身的袖窿，袖山高为5/6前后平均袖窿深，袖身长为SL，前袖山斜线为FAH，后袖山斜线为BAH。分别等分前后袖宽，过等分点做垂线，再分别以两条垂线为对称轴，对称复制前后袖窿弧线；然后根据前后袖窿弧线形态绘制袖山弧线，袖底弧线与袖窿弧线吻合；根据款式绘制袖口弧线。

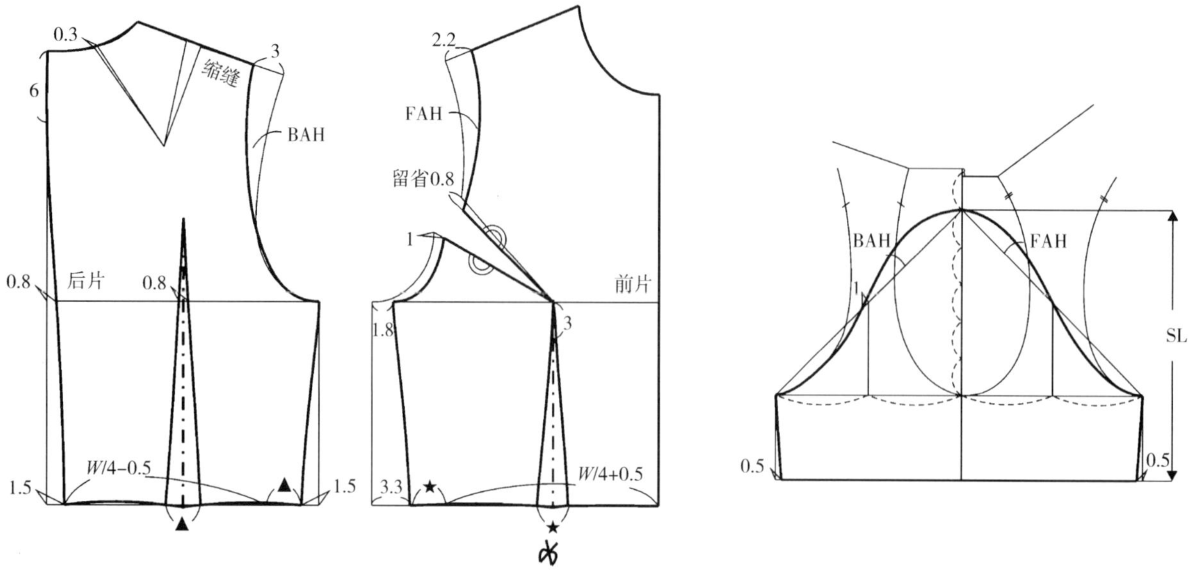

图4-2-12　衣身、袖子基本结构图

袖子基本结构绘制完成后，如图4-2-13的左图所示，以袖中线为对折线，对折前后袖，然后根据图4-2-11的款式绘制袖子造型，最后根据对称线展开左右袖，即得到图4-2-13的右图所示的结构图。

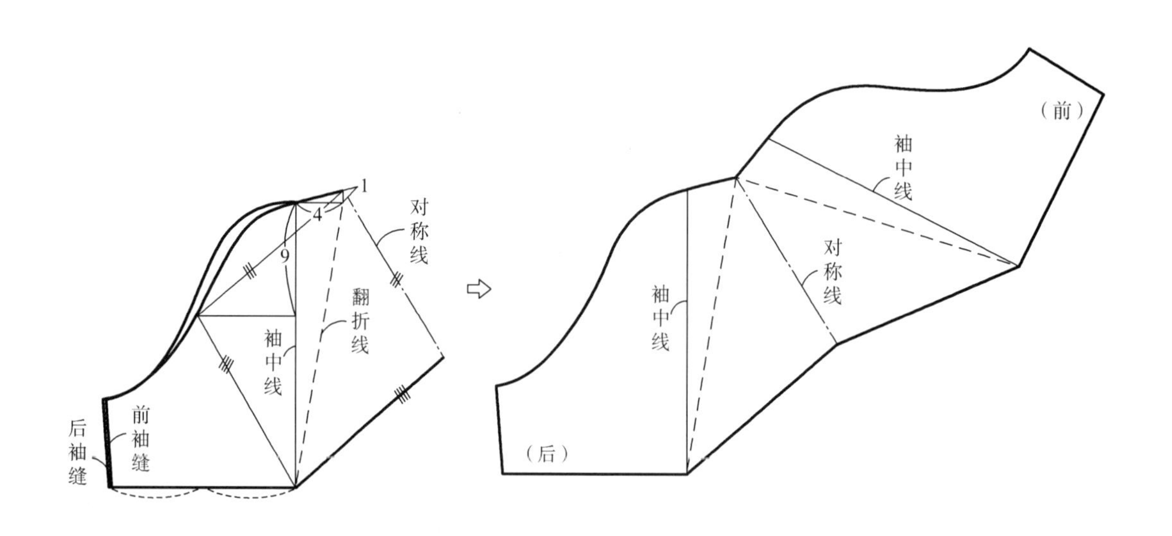

图4-2-13　袖子结构完成图

（三）白坯布样衣效果

如图4-2-14所示。

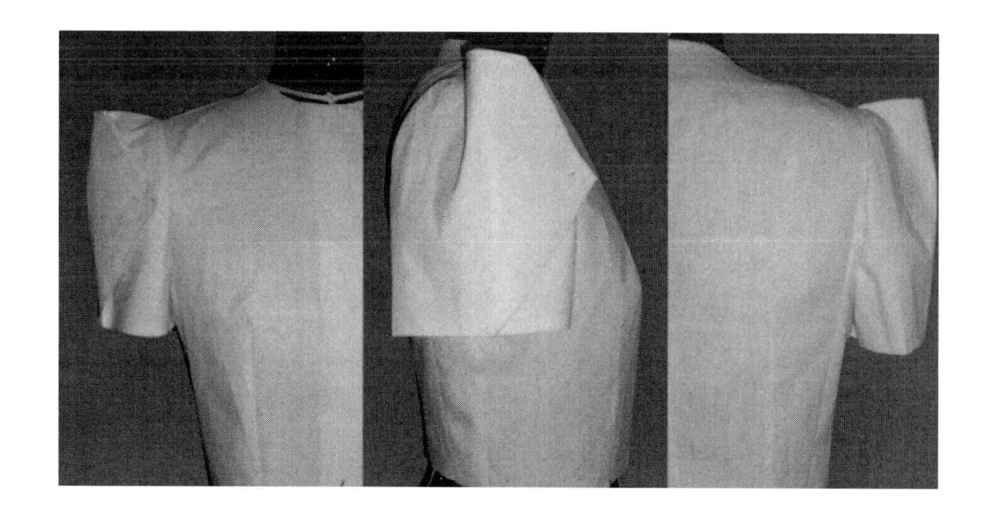

图4-2-14　白坯布样衣效果

五、案例5：波浪长袖（图4-2-15）

图4-2-15　波浪长袖

（一）规格设计（表4-2-5）

表4-2-5　规格表　　单位：cm

160/84A	*B*	*S*	SL
人体尺寸	84	39.4	50.5
原型尺寸	96	39	—
服装尺寸	96	36	52

（二）制图要点

根据图4-2-15所示的款式，分析该款袖型为波浪长袖。

衣身结构制图如图4-2-16所示，原型前片的袖窿省留0.8cm作为袖窿松量，其余部分转移至侧缝，待后期根据款式自行处理；后肩省转移0.3cm到后领口，剩余留作肩省，后期根据款式自行处理。前片胸围减小0.7cm，后片胸围加大0.7cm，前后肩宽均减窄1.5cm，前袖窿弧长为FAH，后袖窿弧长为BAH。

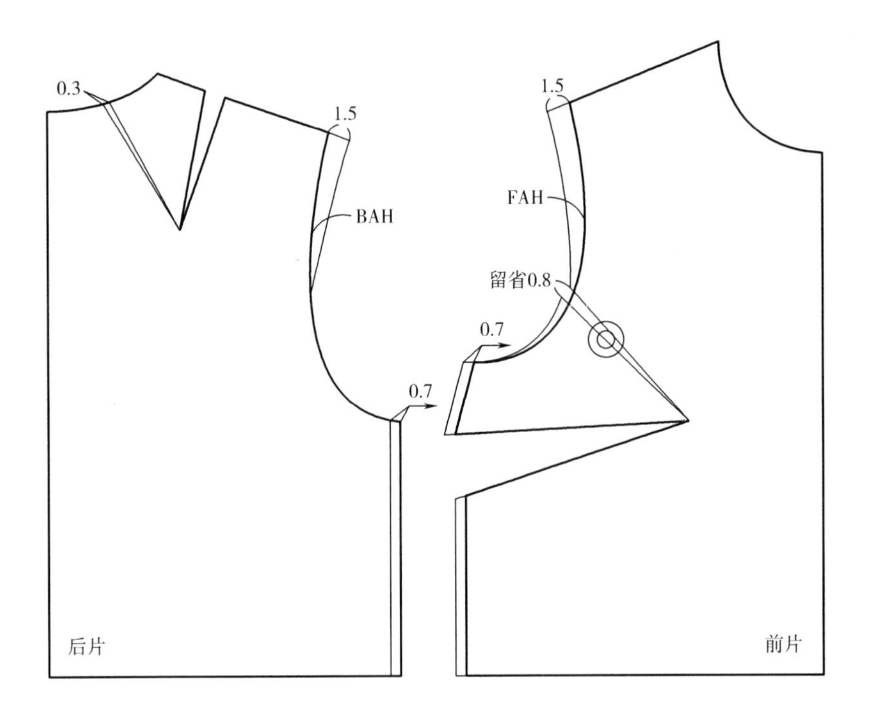

图4-2-16　衣身结构图

袖子基本结构制图如图4-2-17的左图所示，复制出前后衣身的袖窿，袖山高为5/6前后平均袖窿深，袖身长为SL，前袖山斜线为FAH，后袖山斜线为BAH。分别等分前后袖宽，过等分点做垂线，再分别以两条垂线为对称轴，对称复制前后袖窿弧线；然后根据前后袖窿弧线形态绘制袖山弧线，袖底弧线与袖窿弧线吻合；最后根据款式绘制分割辅助线。

然后沿分割线拉展袖口，每个拉展量为6cm，如图4-2-17的右图所示，读者也可根据款式设计需要增加或缩小的拉展量，画顺袖山弧线和袖口弧线。

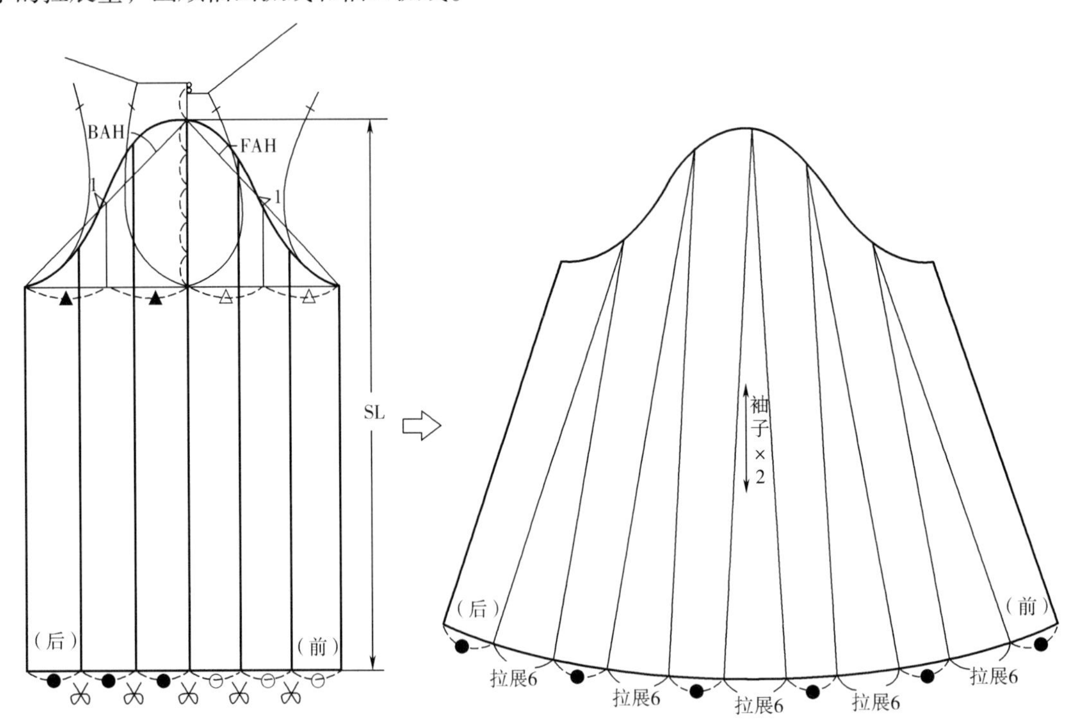

图4-2-17　袖子结构图

（三）白坯布样衣效果

如图4-2-18所示。

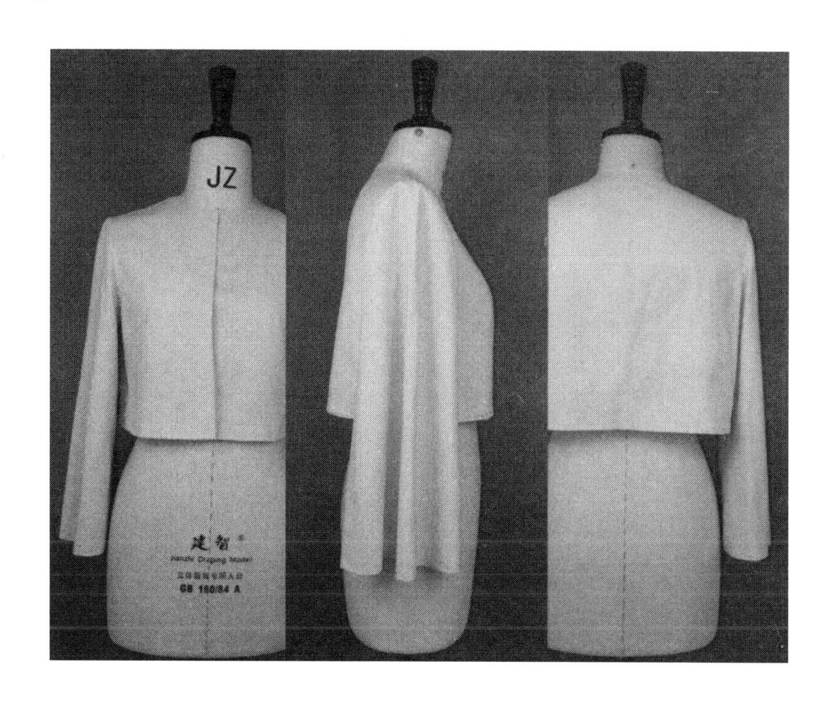

图4-2-18　白坯布样衣效果

六、案例6：褶裥灯笼长袖（图4-2-19）

图4-2-19　褶裥灯笼长袖

（一）规格设计（表4-2-6）

表4-2-6　规格表　　单位：cm

160/84A	*B*	*S*	SL
人体尺寸	84	39.4	50.5
原型尺寸	96	39	—
服装尺寸	96	38	56

（二）制图要点

根据图4-2-19所示的款式，分析该款袖型为褶裥灯笼长袖。

衣身结构制图如图4-2-20所示，原型前片的袖窿省留0.8cm作为袖窿松量，其余部分转移至侧缝待后期根据款式自行处理；后肩省转移0.3cm到后领口，剩下留作肩省，后期根据款式自行处理。前片胸围减小0.7cm，后片胸围加大0.7cm，前后袖窿向下挖深0.5cm，前后肩宽均减窄0.5cm，前袖窿弧长为FAH，后袖窿弧长为BAH。

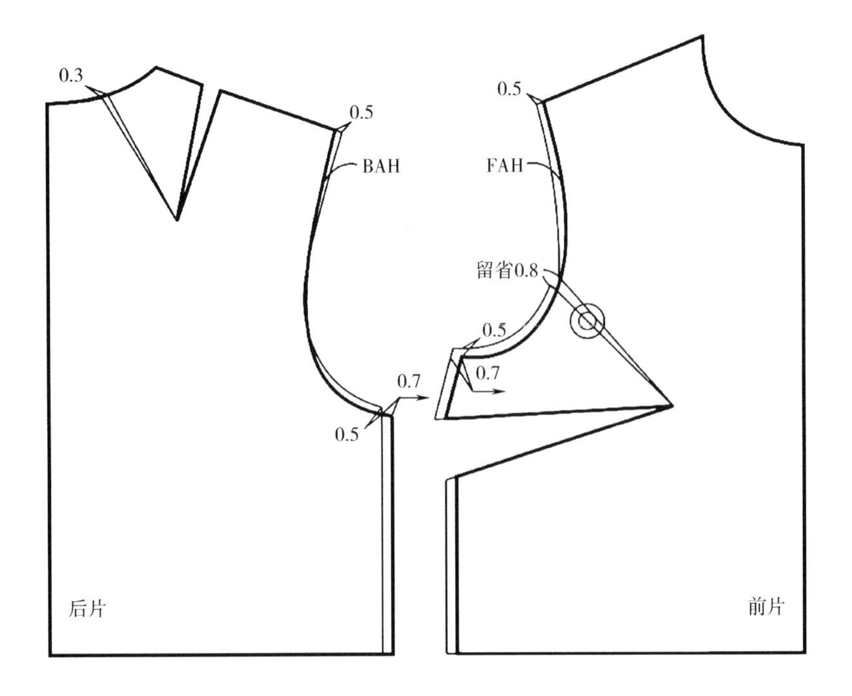

图4-2-20 衣身结构图

袖子结构基本制图如图4-2-21所示，复制出前后衣身的袖窿，袖山高为5/6前后平均袖窿深，袖身长为SL-4cm，前袖山斜线为FAH，后袖山斜线为BAH。分别等分前后袖宽，过等分点做垂线，再分别以两条垂线为对称轴，对称复制前后袖窿弧线，然后根据前后袖窿弧线形态绘制袖山弧线，袖底弧线与袖窿弧线吻合。绘制袖头，袖头长为24cm，宽为5cm。根据款式绘制褶皱辅助线，前后袖山分别收掉部分吃势，前片收0.5cm，后片收0.8cm。

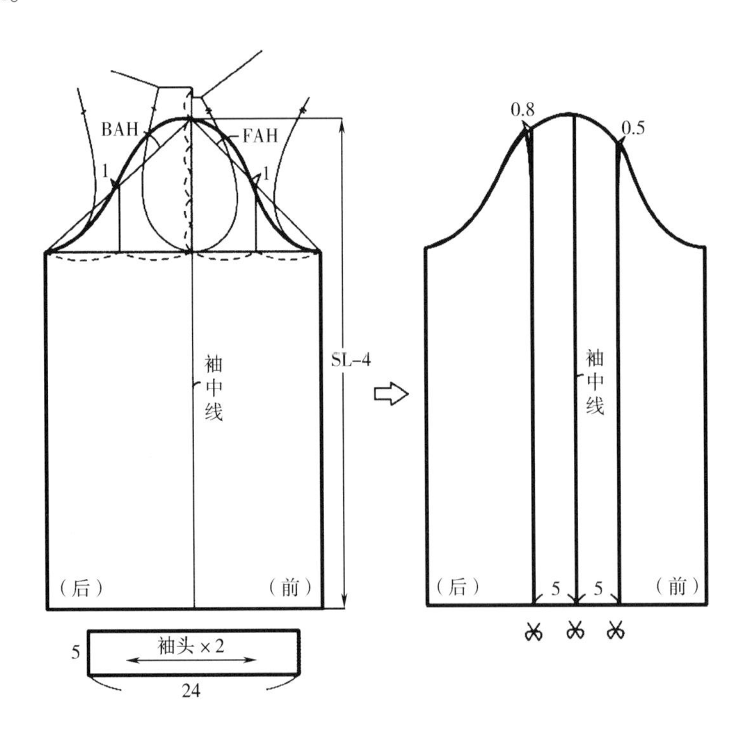

图4-2-21 袖子基本结构图

袖子结构完成图如图4-2-22所示，沿褶皱辅助线水平拉展，每个6cm，袖口缝制时收成碎褶，袖缝开衩长8cm。

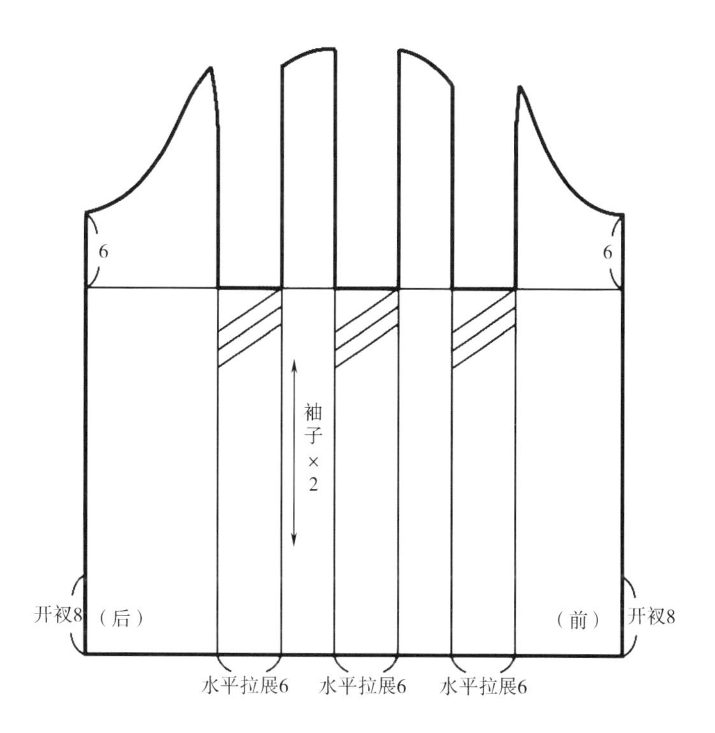

图4-2-22　袖子结构完成图

（三）白坯布样衣效果

如图4-2-23所示。

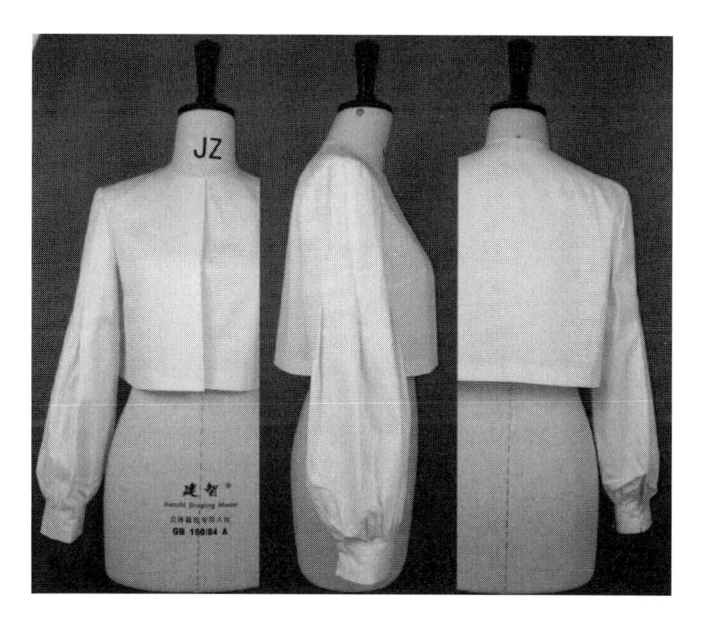

图4-2-23　白坯布样衣效果

七、案例7：两片圆装长袖（图4-2-24）

（一）规格设计（表4-2-7）

表4-2-7　规格表　　单位：cm

160/84A	*B*	*S*	SL	CW
人体尺寸	84	39.4	50.5	—
原型尺寸	96	39	—	—
服装尺寸	96	37	56	12

图4-2-24　两片圆装长袖

（二）制图要点

根据图4-2-24所示的款式，分析该款袖型为合体两片袖（西装袖）。

衣身结构制图如图4-2-25所示，原型前片的袖窿省留0.8cm作为袖窿松量，其余部分转移至侧缝待后期根据款式自行处理；后肩省转移0.3cm到后领口，剩下留作肩省，后期根据款式自行处理。前片胸围减小0.7cm，后片胸围加大0.7cm，前后袖窿向下挖深0.5cm，前后肩宽均减窄1cm，前袖窿弧长为FAH，后袖窿弧长为BAH。

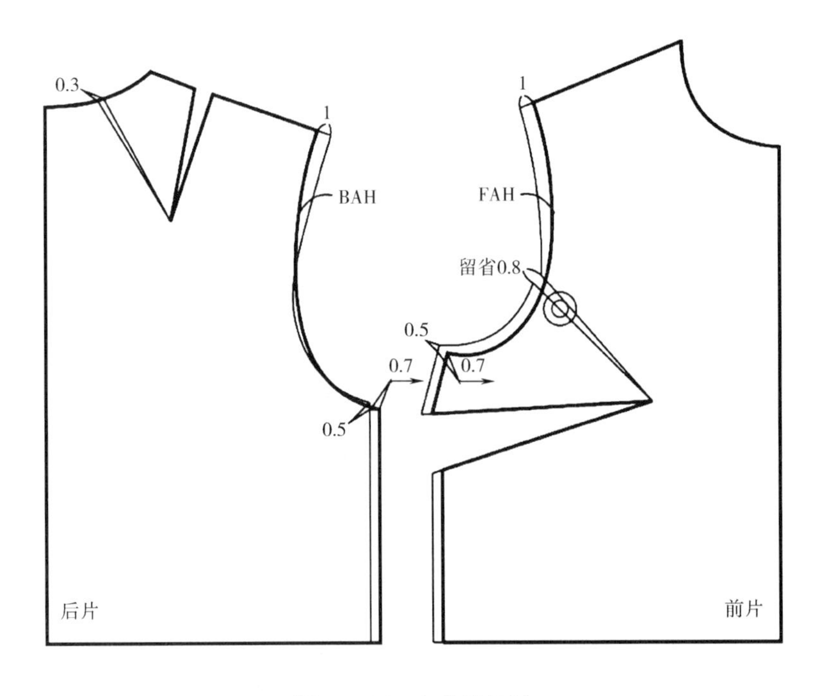

图4-2-25　衣身结构图

袖子结构制图如图4-2-26所示，复制出前后衣身的袖窿，袖山高为5/6前后平均袖窿深+0.5cm，袖身长为SL，前袖山斜线为FAH，后袖山斜线为BAH+1cm，分别等分前后袖宽，过等分点做垂线，再分别以两条垂线为对称轴，对称复制前后袖窿弧线，然后根据前后袖窿弧线形态绘制袖山弧线，袖底弧线与袖窿弧线吻合。前偏袖宽为3cm，后偏袖宽为1.5cm。

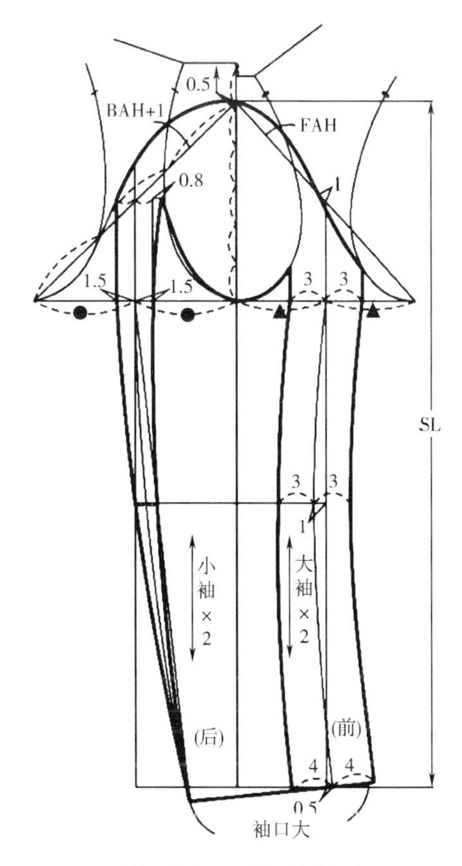

图4-2-26　袖子结构图

（三）白坯布样衣效果

如图4-2-27所示。

图4-2-27　白坯布样衣效果

八、案例8：几何风格袖山两片袖（图4-2-28）

（一）规格设计

表4-2-8　规格表　　　　单位：cm

160/84A	*B*	*S*	SL	CW
人体尺寸	84	39.4	50.5	—
原型尺寸	96	39	—	—
服装尺寸	96	32.4	56	12

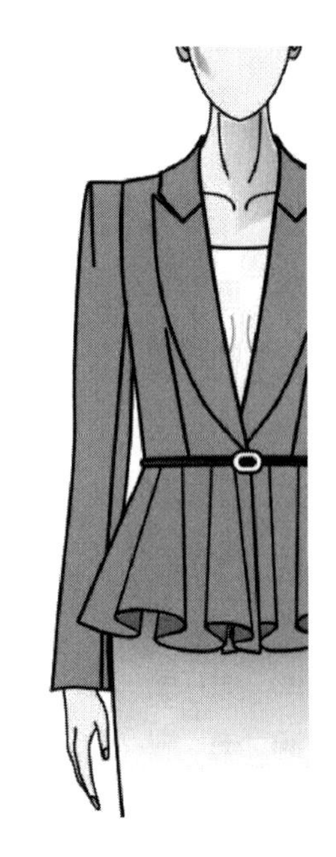

图4-2-28　几何风格袖山两片袖

（二）制图要点

根据图4-2-28所示的款式，分析该款袖型为肩部立体的合体两片袖。因此本款袖型在案例7合体两片袖的基础上绘制。

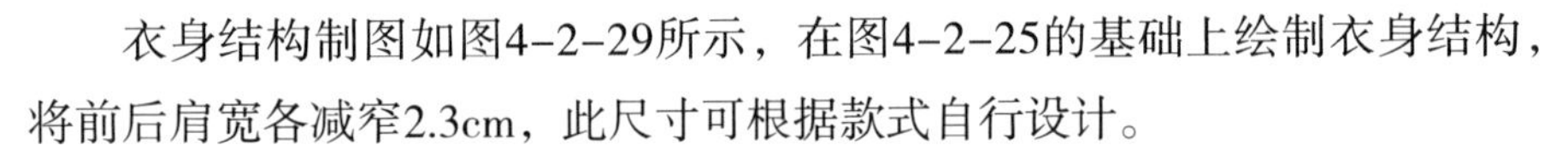

衣身结构制图如图4-2-29所示，在图4-2-25的基础上绘制衣身结构，将前后肩宽各减窄2.3cm，此尺寸可根据款式自行设计。

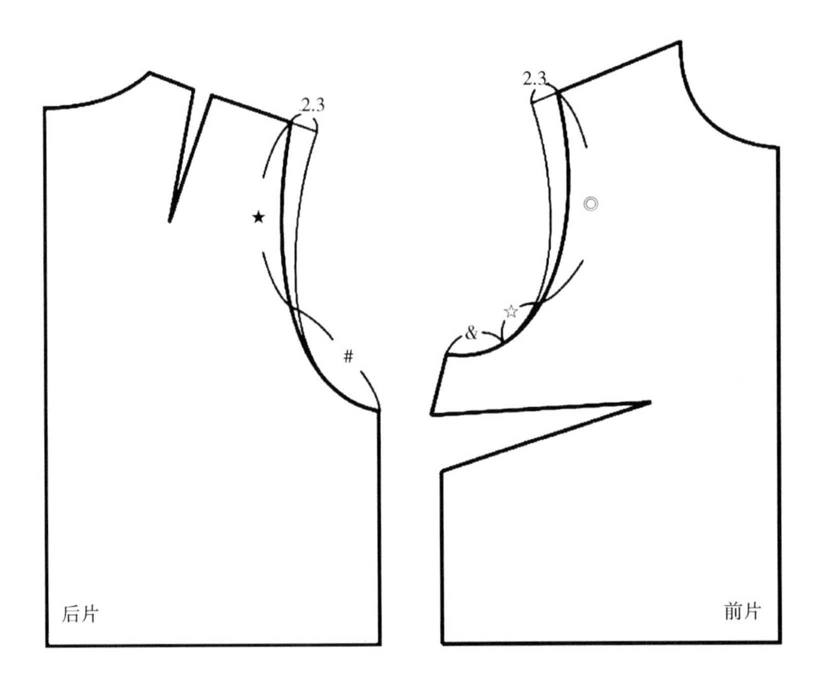

图4-2-29　衣身结构图

袖子结构制图如图4-2-30所示，在图4-2-26的基础上绘制袖型结构，小袖不变，大袖的袖山高先降低2.3cm，再在此基础上提高1cm，画顺袖山弧线，*A*点和*B*点根据款式自行确定。

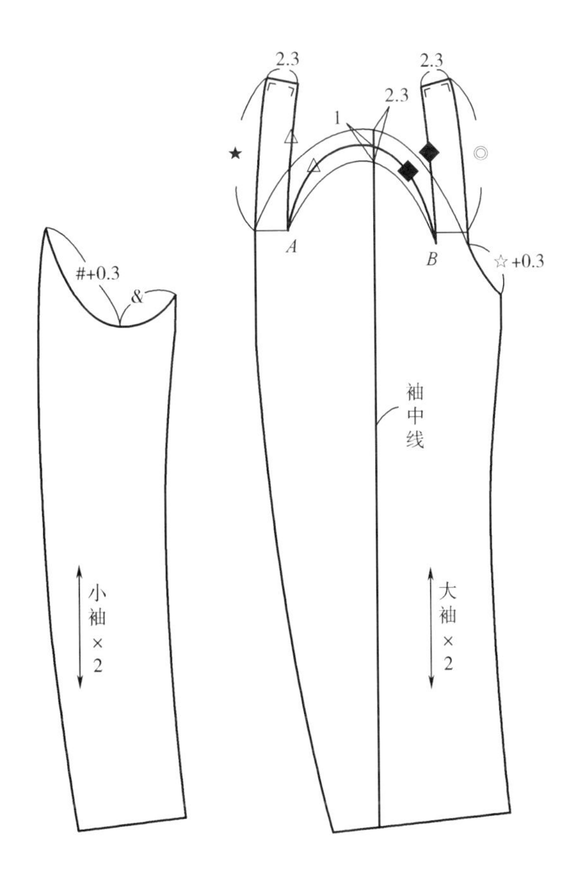

图4-2-30 袖子结构图

（三）白坯布样衣效果

如图4-2-31所示。

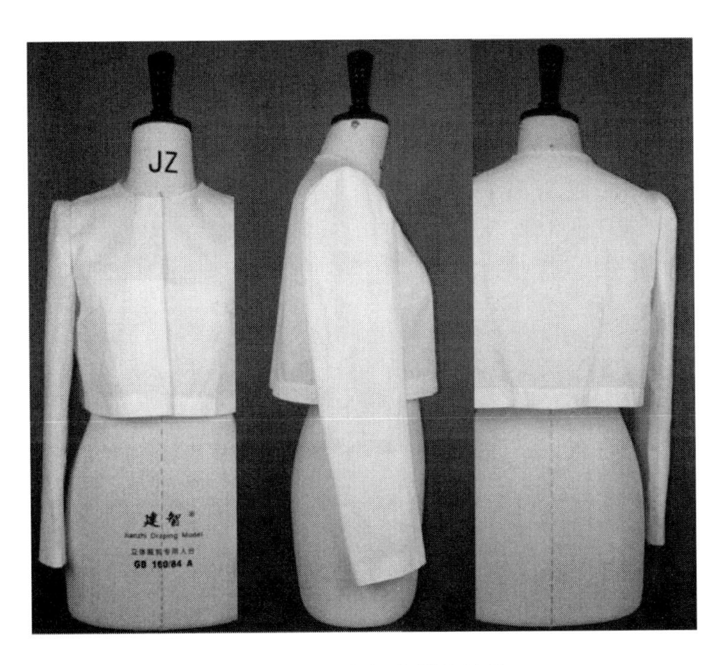

图4-2-31 白坯布样衣效果

九、案例9：郁金香型短袖（图4-2-32）

（一）规格设计（表4-2-9）

表4-2-9 规格表

单位：cm

160/84A	*B*	*S*	SL
人体尺寸	84	39.4	50.5
原型尺寸	96	39	—
服装尺寸	91	35.8	18

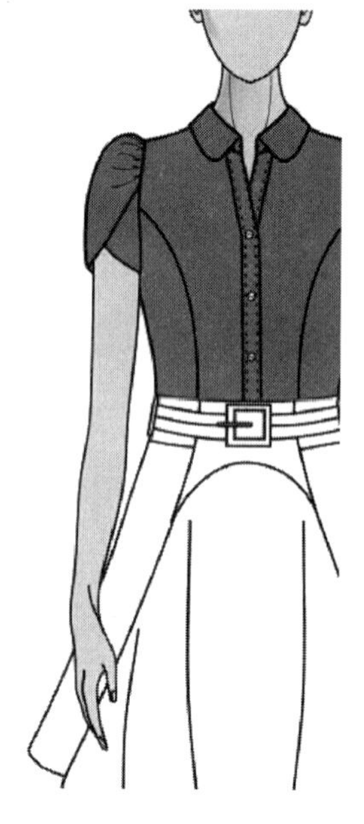

图4-2-32 郁金香型短袖

（二）制图要点

根据图4-2-32所示的款式，分析该款袖型为郁金香型短袖。

衣身结构制图如图4-2-33所示，原型前片的袖窿省留0.8cm作为袖窿松量，其余部分转移至分割线；后肩省转移0.3cm到后领口，肩端挖掉1cm，其余作肩部吃势。前片胸围减小1.7cm，后片胸围加大1.2cm，前后肩宽均减窄1.8cm（后肩减窄2.8cm，包括了1cm肩端挖掉量，前袖窿弧长为FAH，后袖窿弧长为BAH。

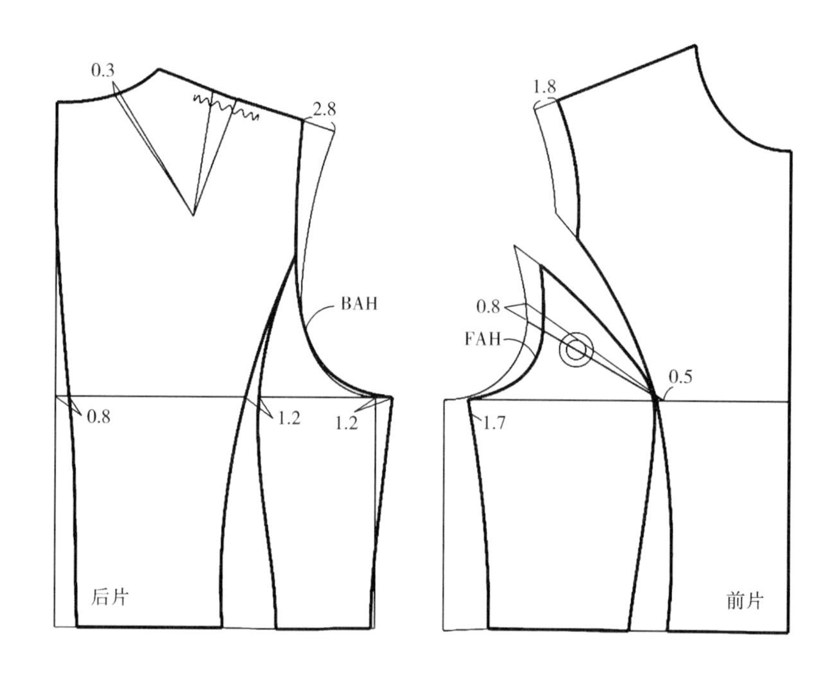

图4-2-33 衣身结构制图

袖子结构基本制图如图4-2-34所示，袖山高为前后平均袖窿深的5/6，沿辅助线将袖山剪开拉展抬高，制作泡泡袖的缩褶量和高袖山，前后袖口分别在前后袖肥1/2处折叠1cm，收小袖口。

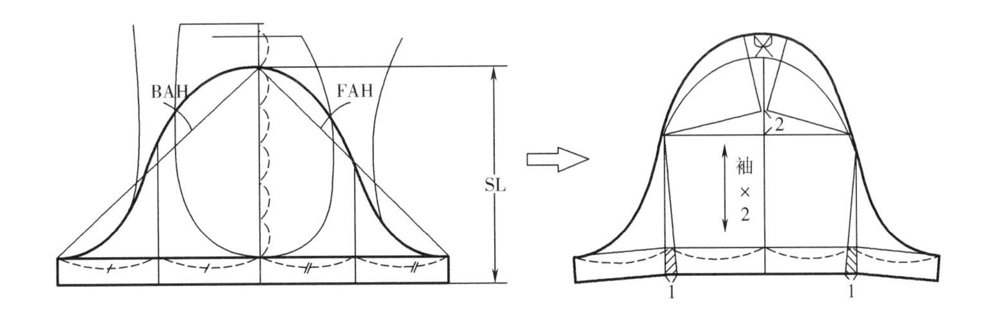

图4-2-34　袖子基本结构图

袖子结构完成图如图4-2-35所示，在图4-2-34的基础上绘制郁金香袖造型辅助线，然后分离前后袖片。

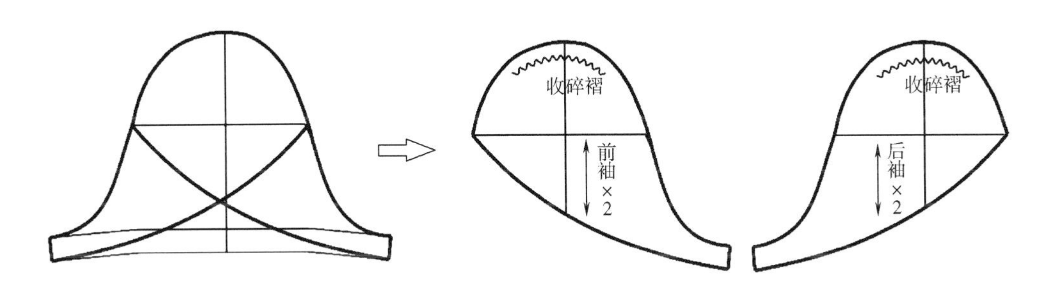

图4-2-35　袖子结构完成图

十、案例10：褶裥短袖（图4-2-36）

图4-2-36　褶裥短袖

（一）规格设计（表4-2-10）

表4-2-10　规格表　　单位：cm

160/84A	*B*	*S*	SL
人体尺寸	84	39.4	50.5
原型尺寸	96	39	—
服装尺寸	96	34.6	23

（二）制图要点

根据图4-2-36所示的款式，分析该款袖型为育克短袖。

衣身结构制图如图4-2-37所示，原型前片的袖窿省留0.8cm作为袖窿松量，其余部分留在袖窿，根据款式待转入腰省；后肩省转移0.3cm到后领口，其余部分转入后片育克分割线。前后袖窿均向下挖深1cm，前后肩端均减窄2.4cm，前袖窿弧长为FAH，后袖窿弧长为BAH。

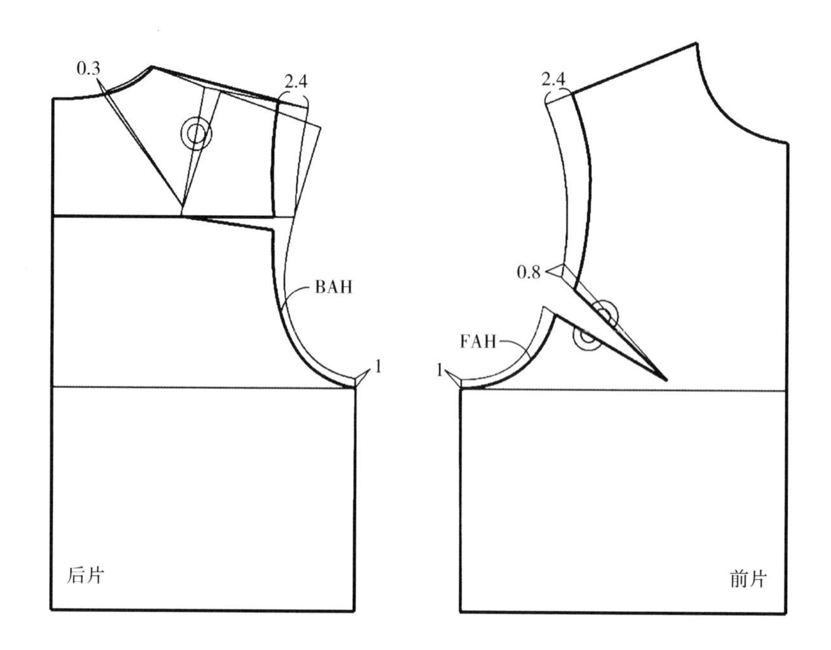

图4-2-37　衣身结构图

袖子基本结构制图如图4-2-38所示，袖山高在前后平均袖窿深的5/6的基础上再向上提高1.5cm。根据款式在袖身上直接绘制育克。

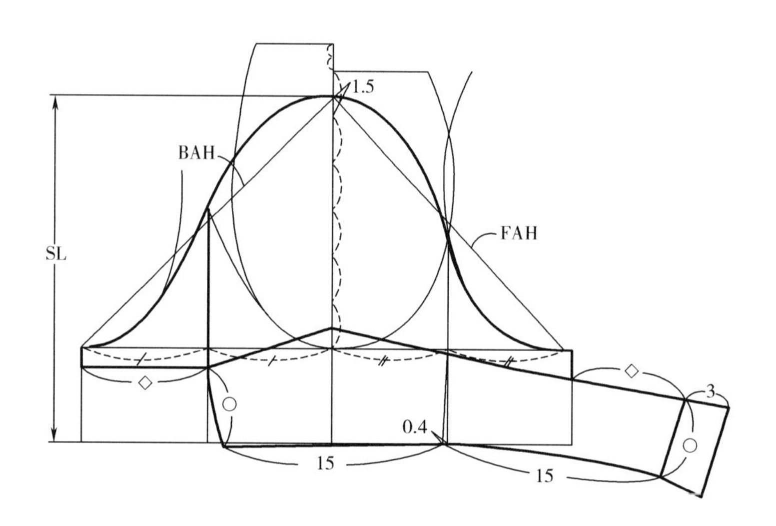

图4-2-38　袖子基本结构图

袖子结构完成图如图4-2-39所示，将袖身分为前后大小两片，大袖沿袖中线左右水平展开共5cm，画顺袖山后，再沿辅助线将袖山剪开，并拉展抬高2cm，放出泡泡袖量。

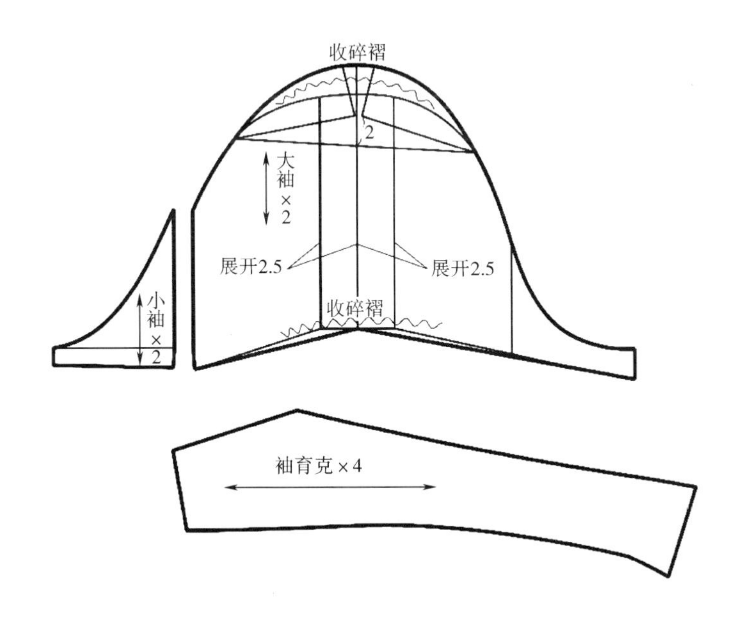

图4-2-39 袖子结构完成图

十一、案例11：袖山褶裥弯身中袖（图4-2-40）

图4-2-40 袖山褶裥弯身中袖

（一）规格设计(表4-2-11)

表4-2-11 规格表 单位：cm

160/84A	*B*	*S*	SL
人体尺寸	84	39.4	50.5
原型尺寸	96	39	—
服装尺寸	97.4	35.4	43

（二）制图要点

根据图4-2-40所示的款式，分析该款袖型为袖山褶裥的弯身中袖。

衣身结构制图如图4-2-41所示，原型前片的袖窿省留1cm作为袖窿松量，转移少量至前中线和下摆作为松量，其余转移为腋下省，后期根据款式特征转入分割线；后肩省转移0.3cm到后领口，留0.3cm作为肩部吃势，其余部分留为肩省。后胸围加大0.7cm，前后袖窿均向下挖深0.7cm，前后肩端均减窄2.2cm，前袖窿弧长为FAH，后袖窿弧长为BAH。

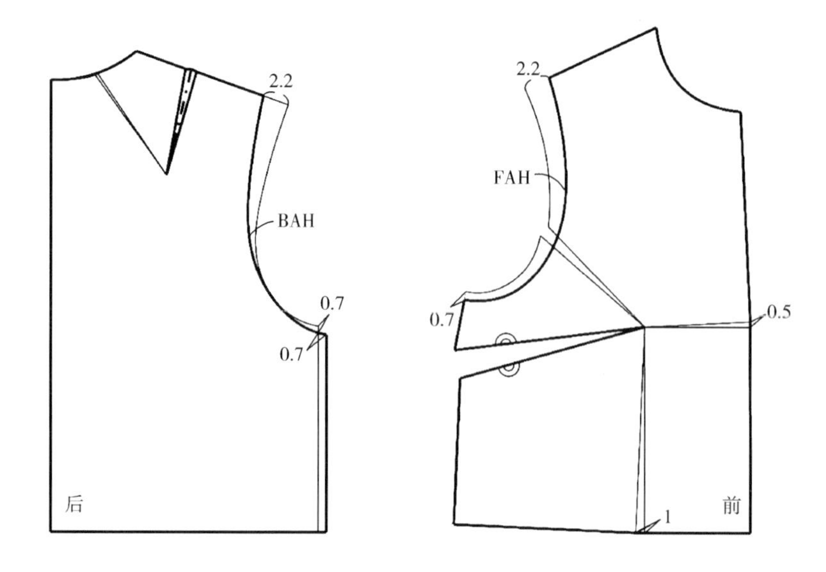

图4-2-41 衣身结构图

袖子结构基本制图如图4-2-42所示，袖山高在前后平均袖窿深的5/6的基础上再向上提高1cm。袖子结构完成图如图4-2-43所示，绘制袖山褶裥、袖口省和袖襻。

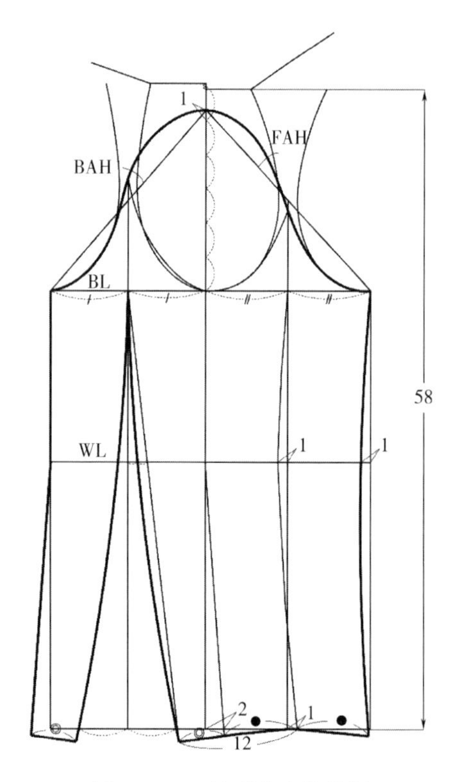

图4-2-42 袖子基本结构图

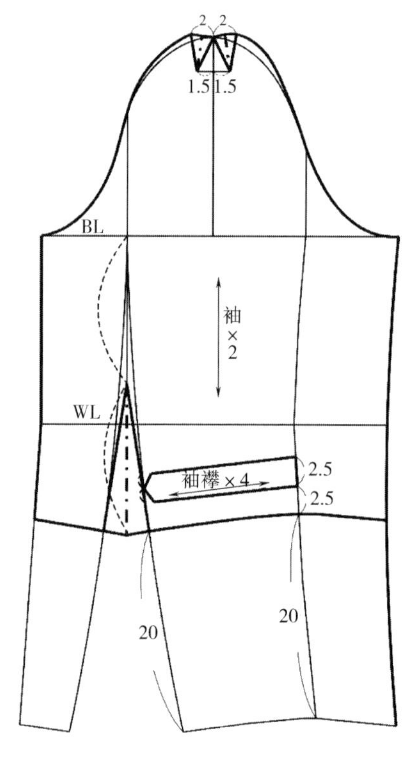

图4-2-43 袖子完成图

第五章　连身袖结构的变化与应用

第一节　连身袖结构变化

连身袖结构的变化除了像装袖一样有合体度、长短、袖身、装饰等变化外，还有一个重要变化就是连袖角度的变化。

一、连身袖角度的变化

如图5-1-1所示，由于连身袖角度的变化，袖子的平整程度不同，左图袖子的角度比右图袖子的角度小，所以袖子在袖身上有明显的褶皱，而右图的袖子则下垂贴身，平整度高。

图5-1-1　连身袖的角度变化

二、袖身的变化

根据服装整体风格不同，连身袖造型可在合体与宽松、弯与直之间变化，如图5-1-2所示，左图袖子为合体弯身袖，右图袖子为宽松直身袖。

图5-1-2 连身袖的袖身变化

三、袖子长短的变化

与装袖一样，连身袖的长短变化也十分丰富，如图5-1-3所示。

图5-1-3 连身袖的长短变化

四、装饰及其他的变化

除了上述变化以外，还可通过在袖山、袖身、袖口等不同部位设计镂空、波浪、褶皱、襻、扣等其他装饰丰富视觉效果，如图5-1-4所示。

图5-1-4　连身袖的装饰等变化

第二节　设计案例分析

一、案例1：夏季宽松连身翻边短袖（图5-2-1）

（一）规格设计（表5-2-1）

表5-2-1　规格表　　单位：cm

160/84A	*B*	*S*	SL
人体尺寸	84	39.4	50.5
原型尺寸	96	39	—
服装尺寸	103.4	39	18

图5-2-1　夏季宽松连身翻边短袖

（二）制图要点

根据图5-2-1所示的款式，分析本款袖型为连身翻边短袖，衣身较为宽松。

衣身与袖片结构制图如图5-2-2所示，原型前片的袖窿省留0.8cm作为袖窿松量，其余部分转移至侧缝待后期根据款式自行处理；后肩省转移0.3cm到后领口，剩余留作肩省，后期根据款式自行处理。后片胸围加大3.7cm，前后袖窿下挖8cm，前后肩端上抬0.5cm，袖中线夹角为22°，腋下画顺。

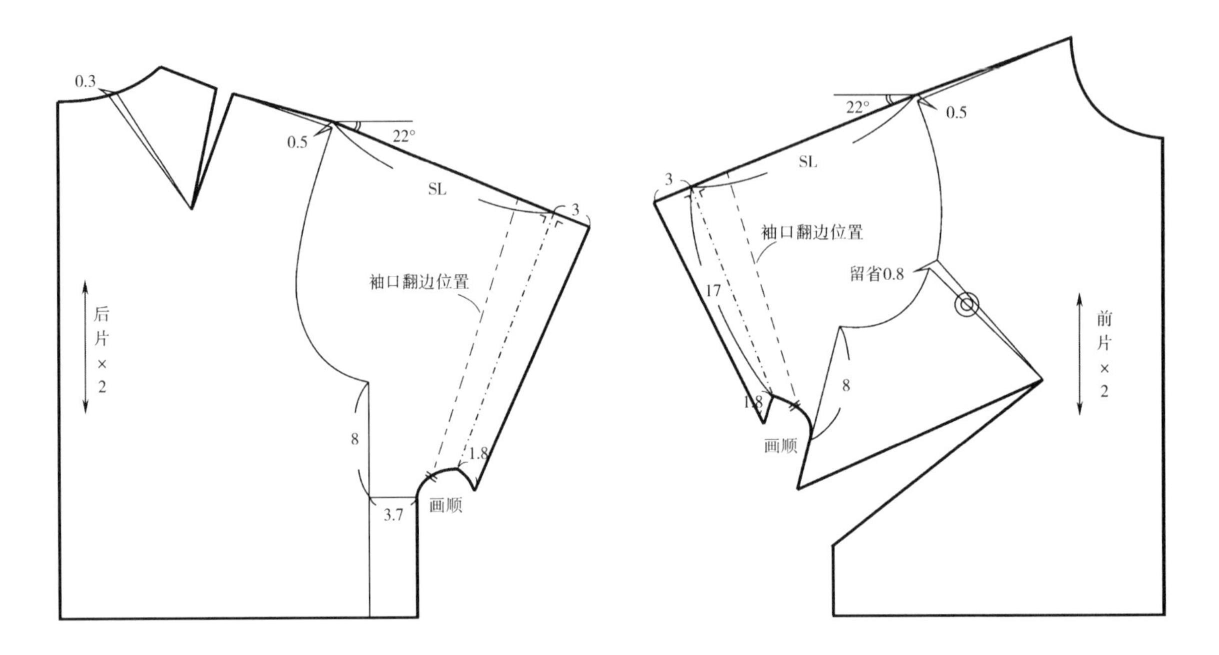

图5-2-2 结构图

（三）白坯布样衣效果

如图5-2-3所示。

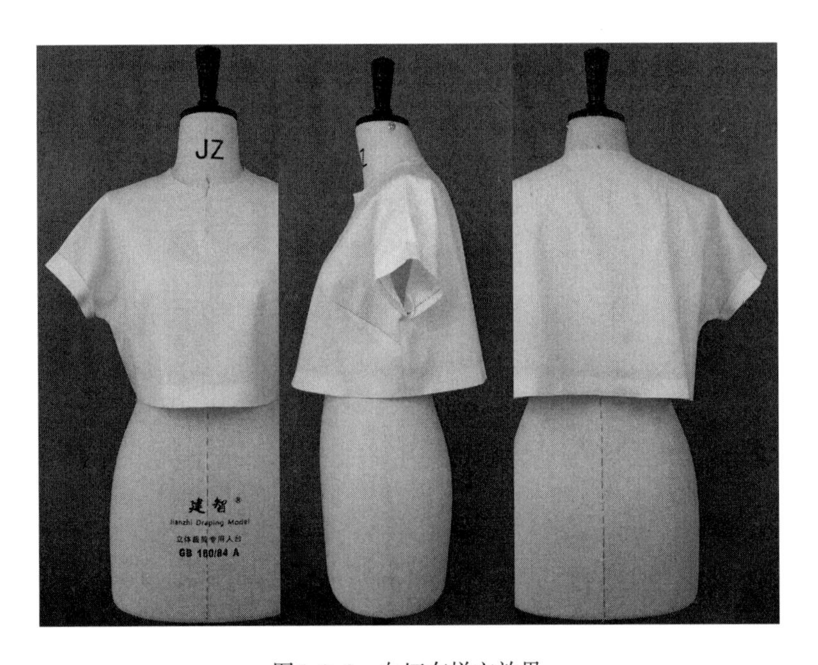

图5-2-3 白坯布样衣效果

二、案例2：斗篷式连身袖（图5-2-4）

图5-2-4　斗篷式连身袖

（一）规格设计（表5-2-2）

表5-2-2　规格表　单位：cm

160/84A	SL
人体尺寸	50.5
原型尺寸	—
服装尺寸	24

（二）制图要点

根据图5-2-4所示的款式，分析本款袖型为斗篷式连身袖，衣身造型宽松。

衣身与袖片结构制图如图5-2-5所示，原型前片袖窿省留1/2在袖窿作为松量（其中0.8cm为舒适性松量，#为造型松量），其余部分转移至腰部作为腰部松量。后肩省分为两部分：一是为与前袖窿松量保持平衡，转移部分肩省至后袖窿（约为#）；二是将剩余部分转移到领口。

腰部虚线部位表示需要缝制松紧带，其余部分则根据服装造型绘制。

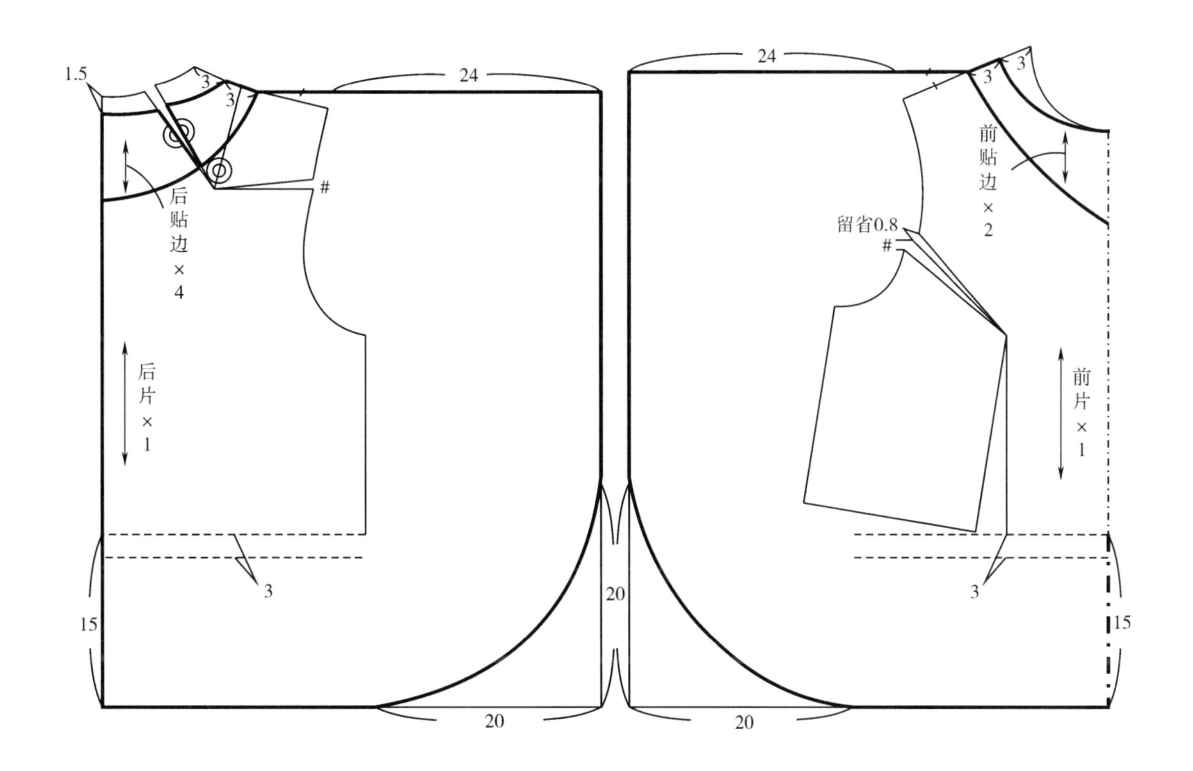

图5-2-5　结构图

三、案例3：连身四边形插角袖（图5-2-6）

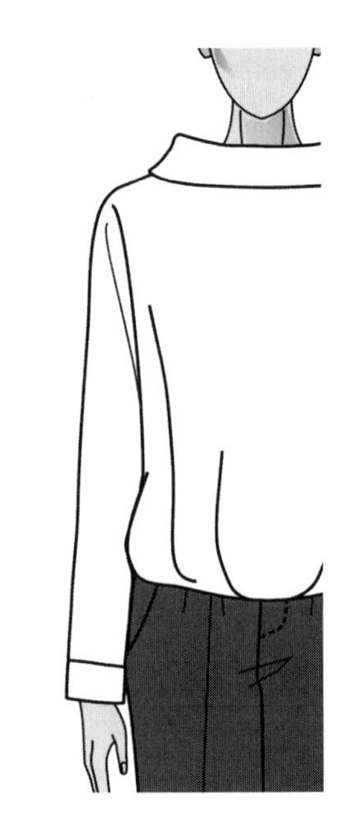

图5-2-6 连身四边形插角袖

（一）规格设计（表5-2-3）

表5-2-3 规格表　　单位：cm

160/84A	*B*	*S*	SL	CW
人体尺寸	84	39.4	50.5	—
原型尺寸	96	39	—	—
服装尺寸	98.2	40	55	12.5

（二）制图要点

根据图5-2-6所示的款式，分析本款袖型为连身插角袖，衣身造型宽松。

衣身部分结构制图如图5-2-7所示，原型前片袖窿省留1/2在袖窿作为松量（其中0.8cm为舒适性松量，#为造型松量），其余部分转移至腰部作为腰部松量。后肩省分为两部分：一是为与前袖窿松量保持平衡，转移部分肩省至后袖窿（约为#）；二是将剩余部分放在肩部作为吃势。

连身袖部分制图令前后片连身袖的夹角为40°，袖身长为SL-4cm，前袖口宽12cm，后袖口宽13cm，前后袖窿挖到侧缝长的1/3；为保证腋下前后袖缝长度一致，前胸围减小0.7cm，后胸围加大1.8cm；插角位置为袖窿4cm处，此位置越高，手臂抬高量越大，但插角（袖裆）的隐蔽性就越差，影响美观型；插角（袖裆）宽为8cm，此尺寸越大，手臂前后活动量越大，但容易在腋下形成较大的堆积量，影响美观性。

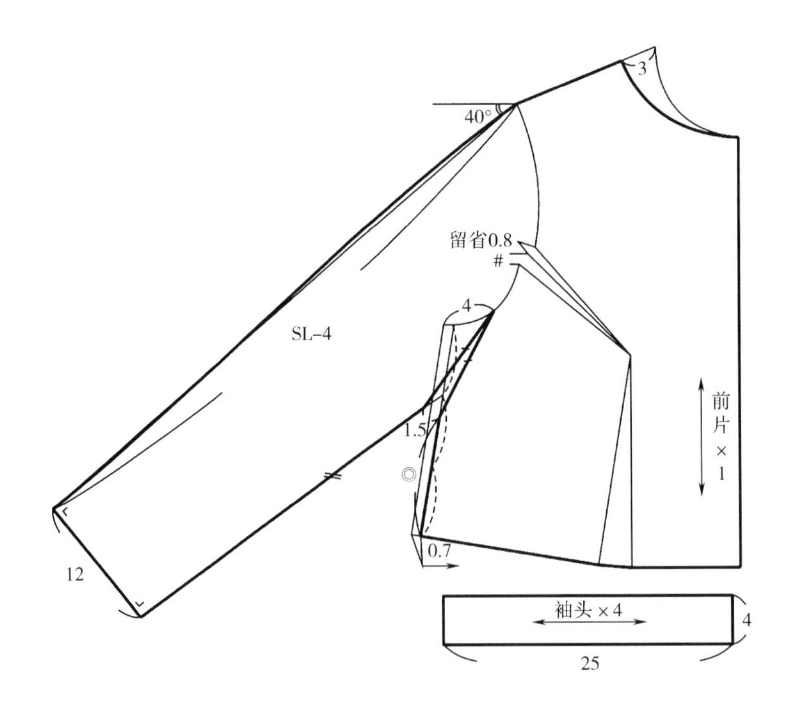

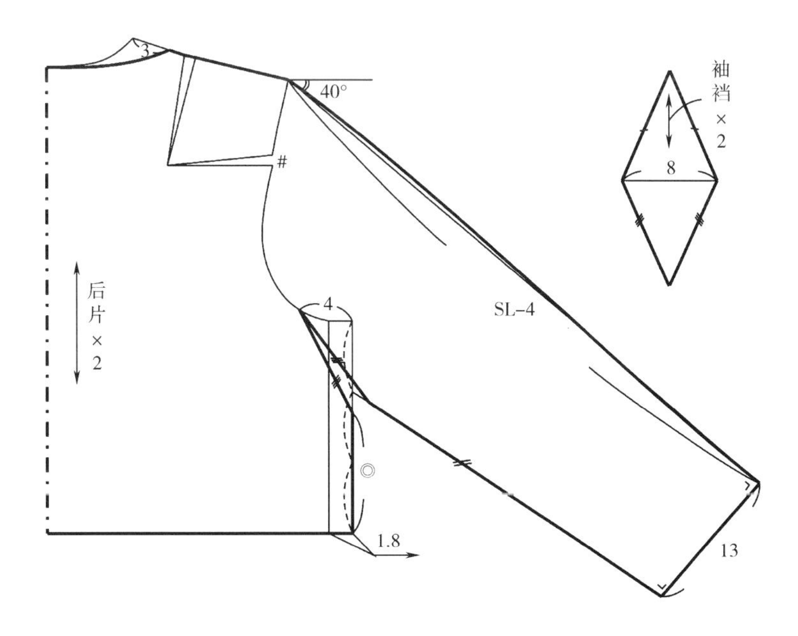

图5-2-7　结构图

（三）白坯布样衣效果

如图5-2-8所示。

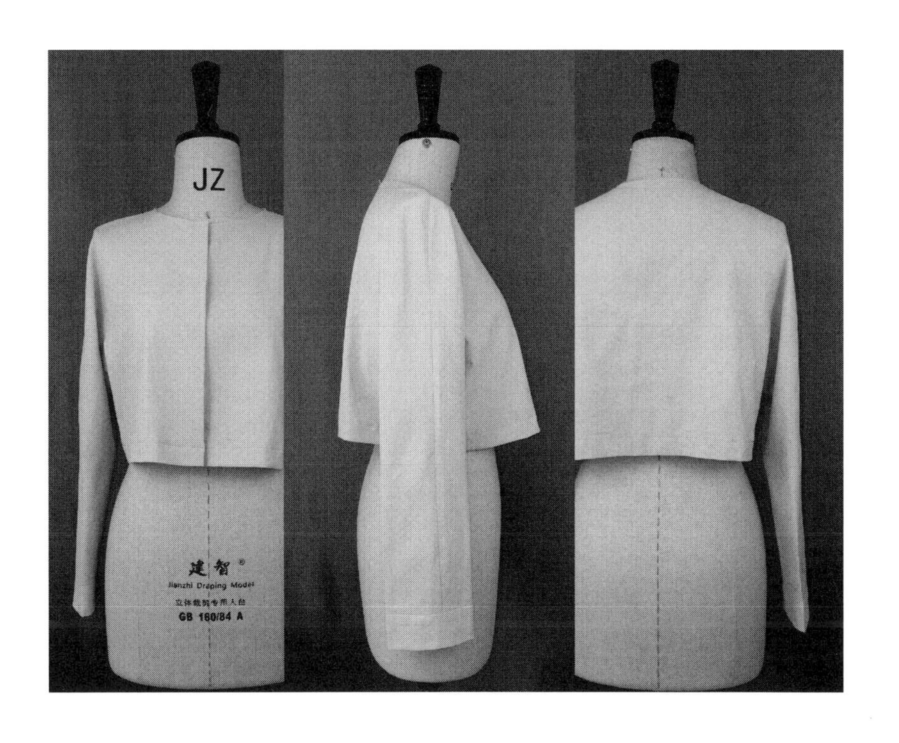

图5-2-8　白坯布样衣效果

四、案例4：合体弯身连身袖（图5-2-9）

（一）规格设计（表5-2-4）

表5-2-4　规格表　　单位：cm

160/84A	*B*	*S*	SL	CW
人体尺寸	84	39.4	50.5	—
原型尺寸	96	39	—	—
服装尺寸	96	40	56	12

图5-2-9　合体弯身连身袖

（二）制图要点

根据图5-2-9所示的款式，分析本款袖型为合体连身袖。

留原型前片袖窿省0.8cm作为袖窿松量，其余部分转移至侧缝方便连身袖的绘制，读者可根据款式用衣身平衡原理自行处理该省量。原型后肩省暂时留在肩部，读者可根据款式自行处理。

前片胸围减小0.7cm，袖窿下挖1cm；后片胸围增加0.7cm，袖窿下挖1cm。重新绘制前后袖窿，测量前后袖窿弧线长度，本款连身袖的袖山高为AH/3+1cm，连身袖的前袖夹角为45°，后袖夹角为42.5°。因为人体的手臂向前倾斜，所以袖中缝需向前偏移，一般男装的偏移量大于女装，本例取2.5cm。

如图5-2-10、图5-2-11所示，袖身部分根据弯身袖的制图原理绘制，袖头直接在袖身上绘制。

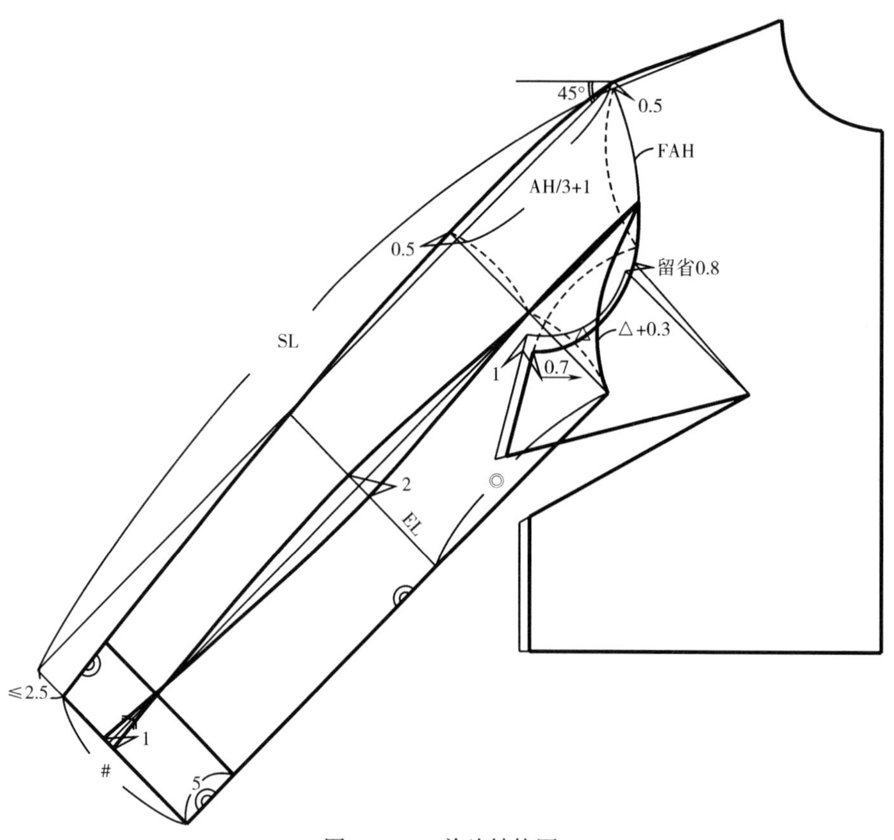

图5-2-10　前片结构图

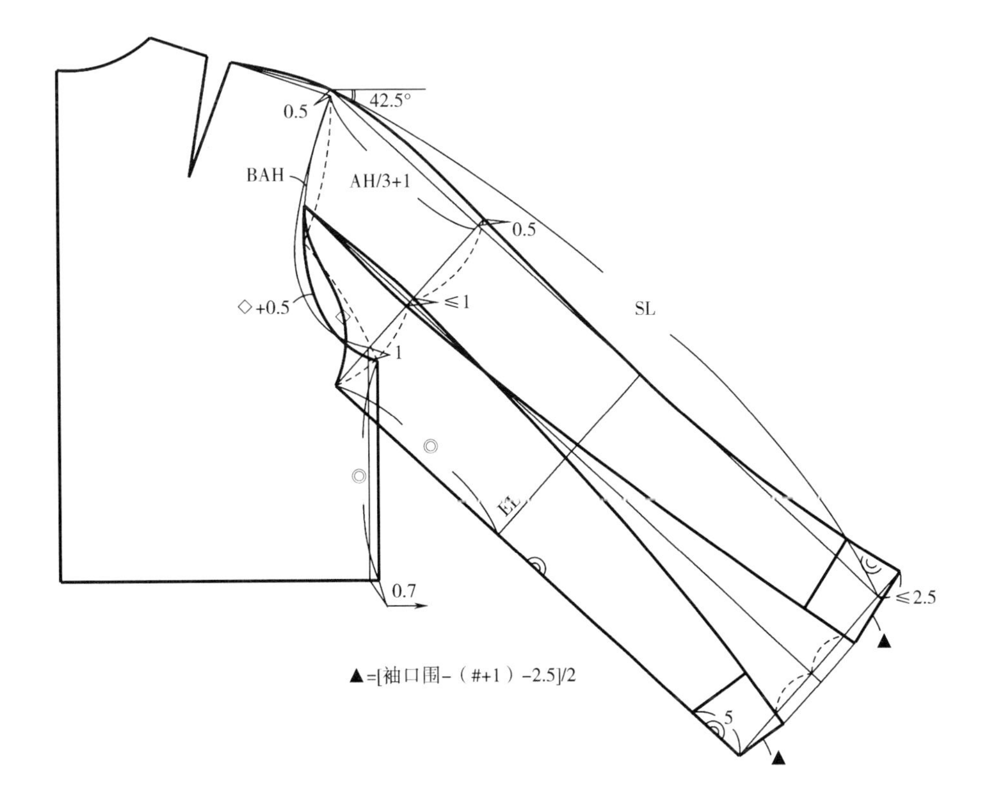

图5-2-11　后片结构图

如图5-2-12所示的是本款连身袖服装各个部位的裁片。

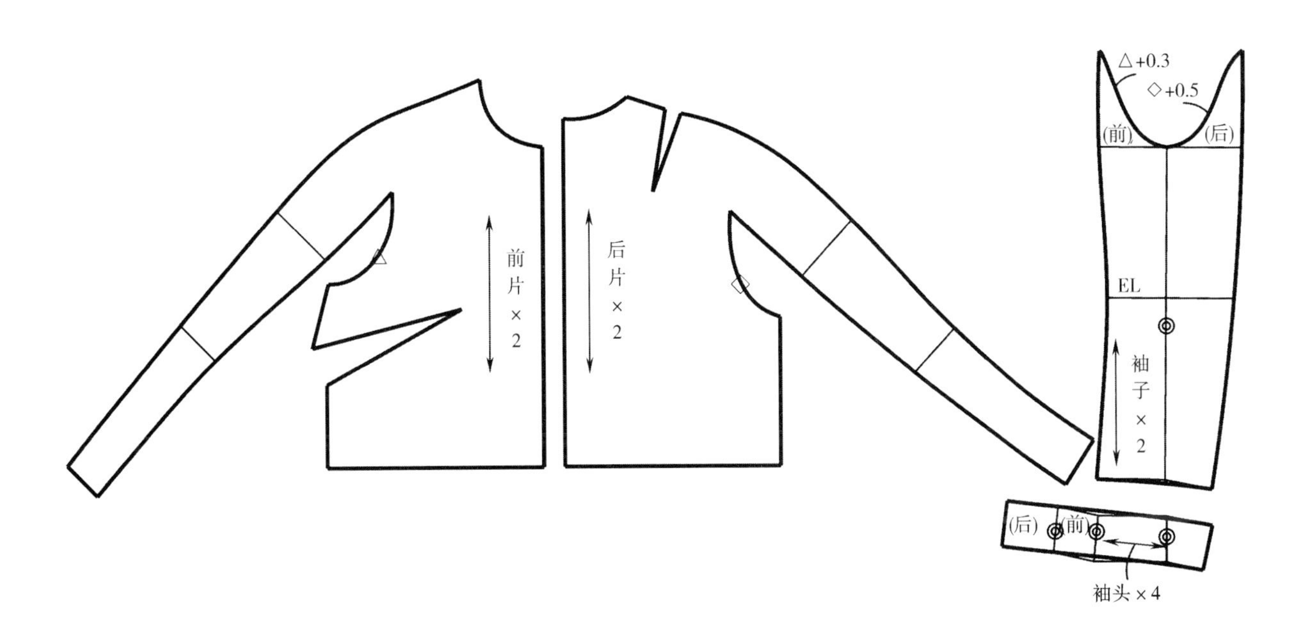

图5-2-12　裁片图

（三）白坯布样衣效果

如图5-2-13所示。

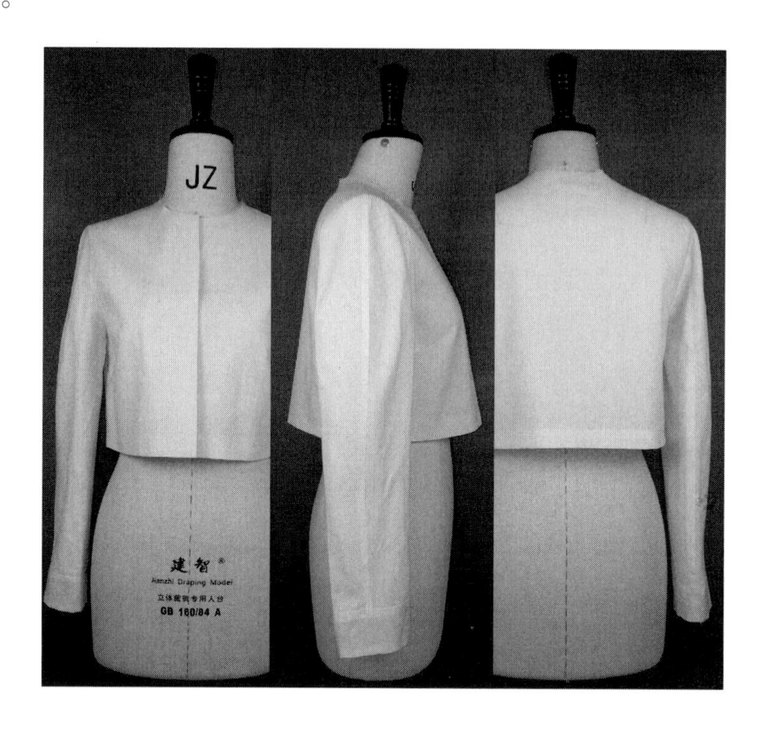

图5-2-13 白坯布样衣效果

五、案例5：斗篷连身袖（图5-2-14）

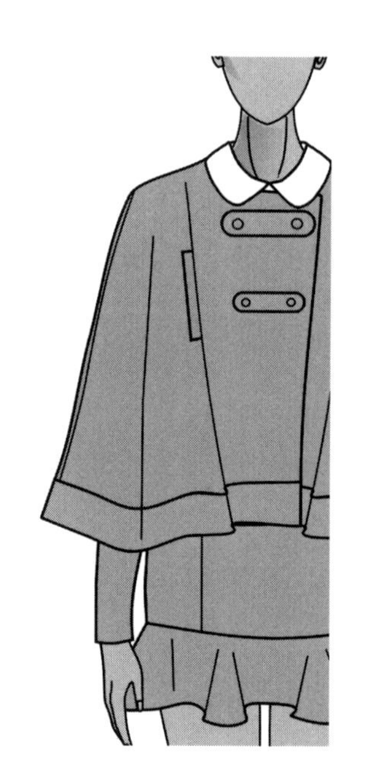

图5-2-14 斗篷连身袖

（一）规格设计（表5-2-5）

表5-2-5 规格表 单位：cm

160/84A	SL
人体尺寸	50.5
原型尺寸	—
服装尺寸	34.5

（二）制图要点

根据图5-2-14所示的款式，分析本款袖型为斗篷连身袖。

衣身与袖片结构制图如图5-2-15所示，原型前片袖窿省留1/2在袖窿作为松量（其中0.8cm为舒适性松量，#为造型松量），其余部分转移至腰部作为腰部松量。后肩省分为三部分：一是转移0.3cm到后领口；二是为与前袖窿松量保持平衡，转移部分肩省至后袖窿（约为#）；三是将剩余部分放在肩部作为吃势。沿前后肩延长线绘制袖身，长度为SL，其余部分根据款式图自行绘制。

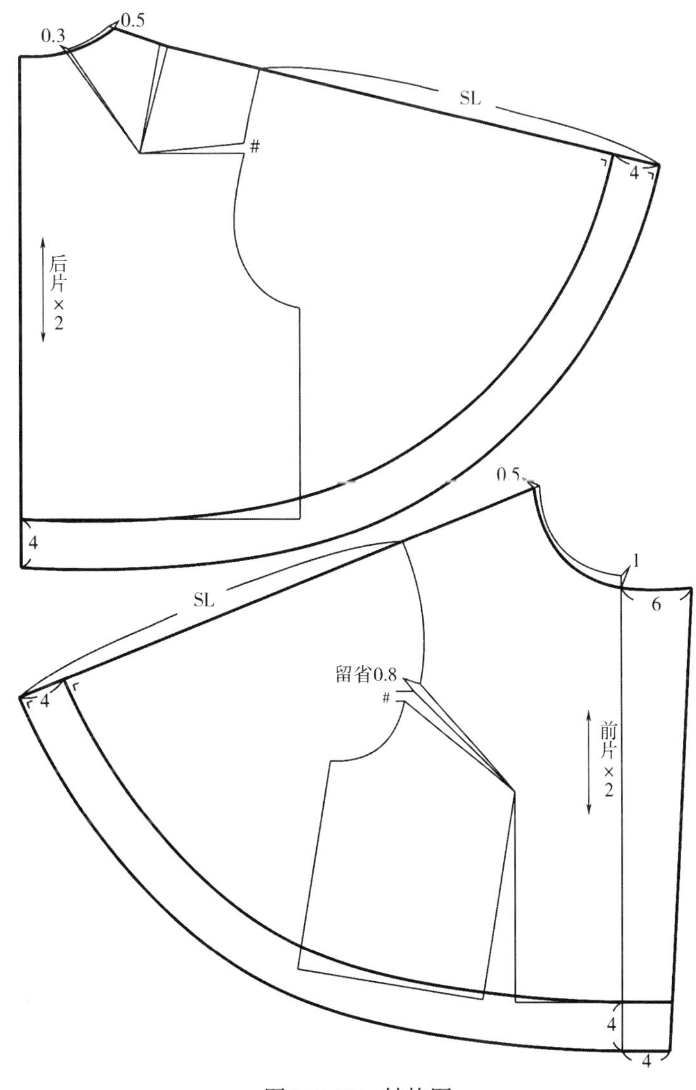

图5-2-15　结构图

六、案例6：宽松弯身型连身袖（图5-2-16）

（一）规格设计(表5-2-6)

表5-2-6　规格表　　单位：cm

160/84A	*B*	*S*	SL	CW
人体尺寸	84	39.4	50.5	—
原型尺寸	96	39	—	—
服装尺寸	101.6	40	55	15

（二）制图要点

根据图5-2-16所示的款式，分析本款袖型为宽松连身袖，腋部有明显褶皱。

如图5-2-17所示，原型前片袖窿省留0.8cm为袖窿松量，其余部分转移至侧缝，读者可根据款式设计处理侧缝省道。如图5-2-18所示，后肩省分为两

图5-2-16　宽松弯身型连身袖

部分：一是转移0.3cm到后领口；二是将剩余部分放在肩部作为肩省，读者可根据款式设计处理剩余肩省。

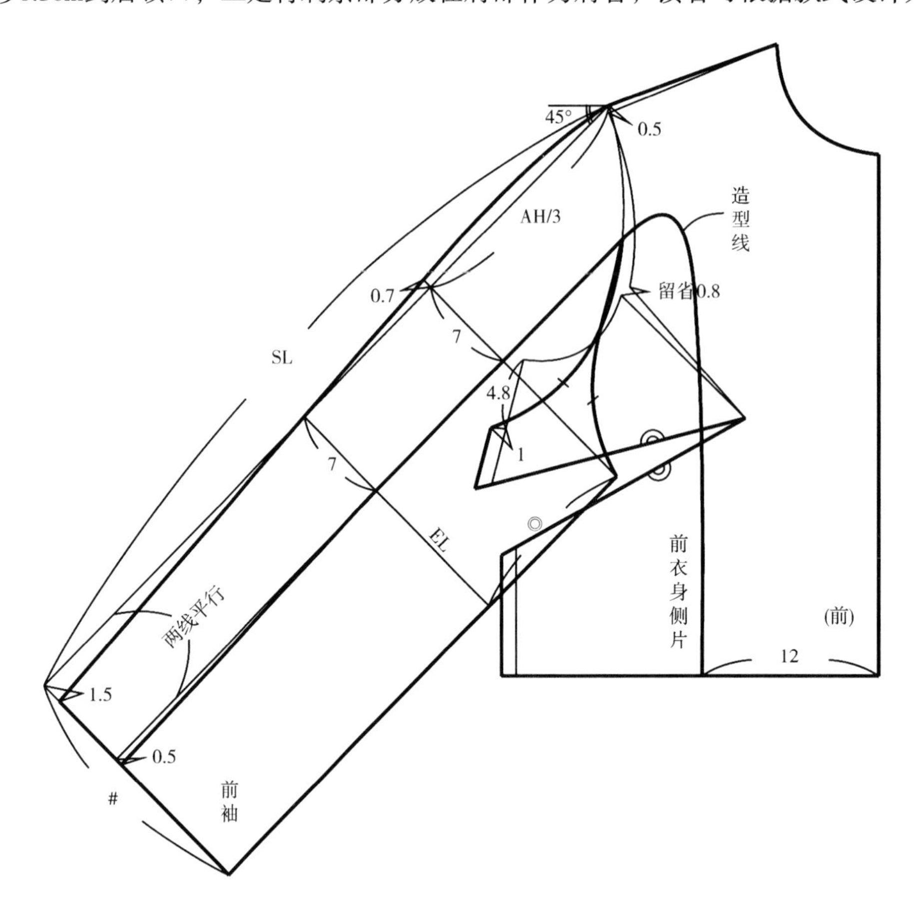

图5-2-17　前片结构图

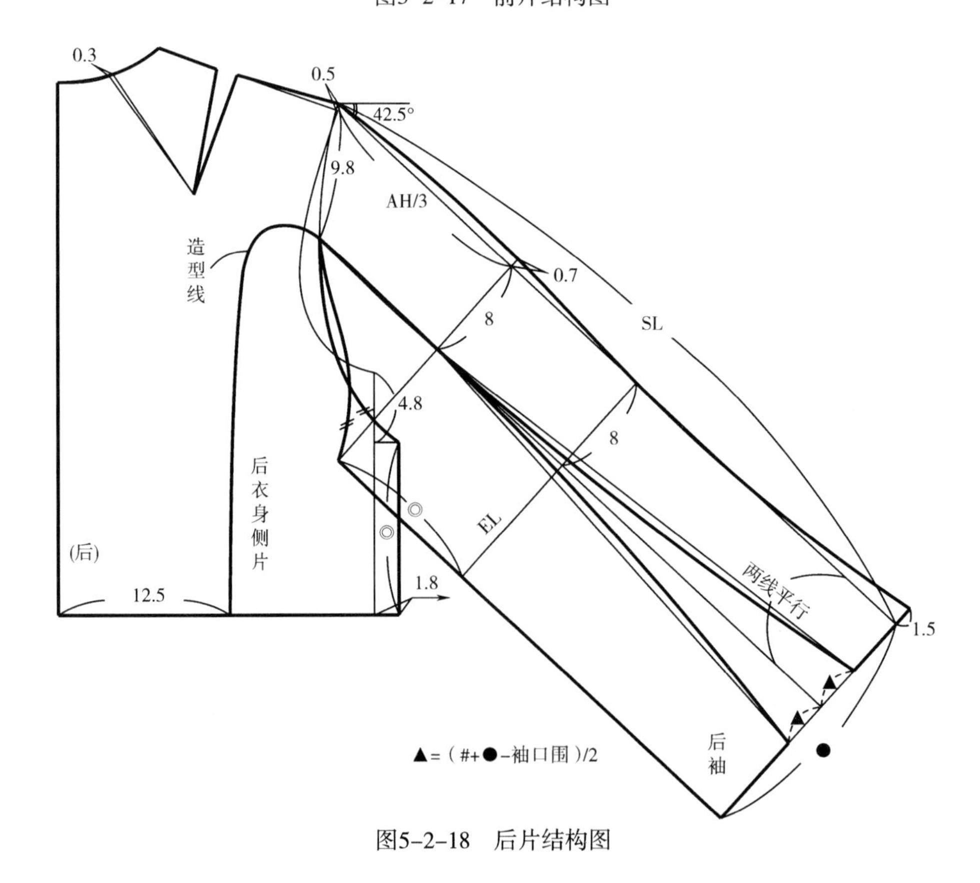

图5-2-18　后片结构图

如图5-2-17所示，前片胸围加大1cm，袖窿下挖4.8cm；如图5-2-18所示，后片胸围增加1.8cm，袖窿下挖4.8cm。重新绘制前后袖窿，测量前后袖窿弧线长度，本款连身袖的袖山高为AH/3；因为本款为大衣造型，所以前后片在肩端抬高0.5cm，前袖夹角为45°，后袖夹角为42.5°。因为人体的手臂向前倾斜，所以袖中缝需向前偏移1.5cm，后袖身部分根据弯身袖的制图原理绘制，前袖身偏直。根据款式绘制前后袖的分割线。

如图5-2-19所示的是分割开的前片和后片裁片图。

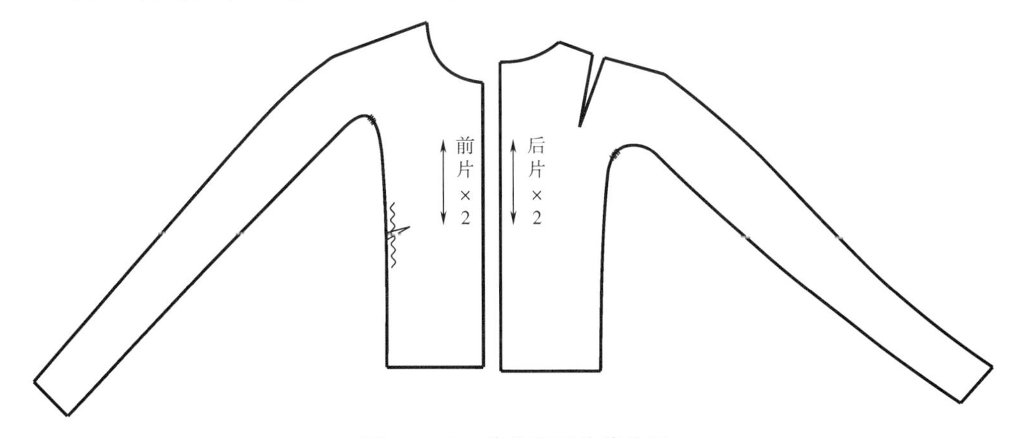

图5-2-19　前片和后片裁片图

如图5-2-20所示，将前袖和前衣身侧片拼合，画顺腋下弧线，构成前腋下片；后袖和后衣身侧片拼合，画顺腋下弧线，构成后腋下片。

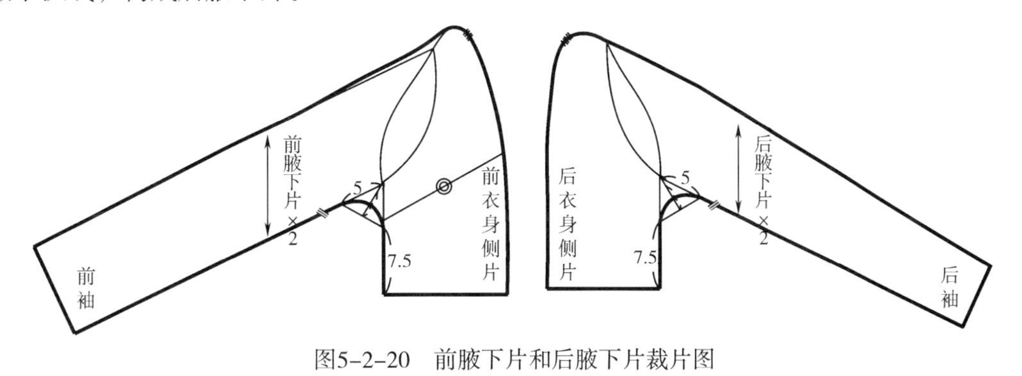

图5-2-20　前腋下片和后腋下片裁片图

（三）白坯布样衣效果

如图5-2-21所示。

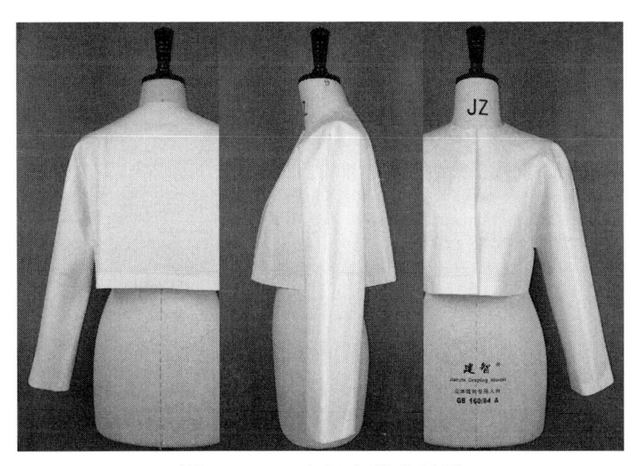

图5-2-21　白坯布样衣效果

七、案例7：宽松直身型连身袖（图5-2-22）

（一）规格设计（表5-2-7）

表5-2-7 规格表 单位：cm

160/84A	*B*	*S*	SL	CW
人体尺寸	84	39.4	50.5	—
原型尺寸	96	39	—	—
服装尺寸	103.4	40	58	17.8

图5-2-22 宽松直身型连身袖

（二）制图要点

根据图5-2-22所示的款式，分析本款袖型为宽松直身型连身袖。

如图5-2-23所示，前片原型的袖窿省分为两部分，一是转移到腰部，形成腰部1.5cm的松量；二是剩余部分在袖窿作为松量，在扣除1.5cm后，测量余下部分松量为#。如图5-2-24所示，原型后肩省分为三部分，一是在领口开大0.3cm；二是转移部分肩省到后袖窿作为松量，使后袖窿的省量为#，与前袖窿松量平衡；三是将剩下部分在肩缝作吃势，缩缝。

如图5-2-23所示，前、后片袖窿下挖4cm，后片胸围增加3.7cm，重新绘制前后袖窿，测量前后袖窿弧线长度，本款连身袖的袖山高为AH/3，前袖夹角为45°，后袖夹角为42.5°。袖中缝向前偏移2cm。根据款式绘制衣身分割线和袖襻。

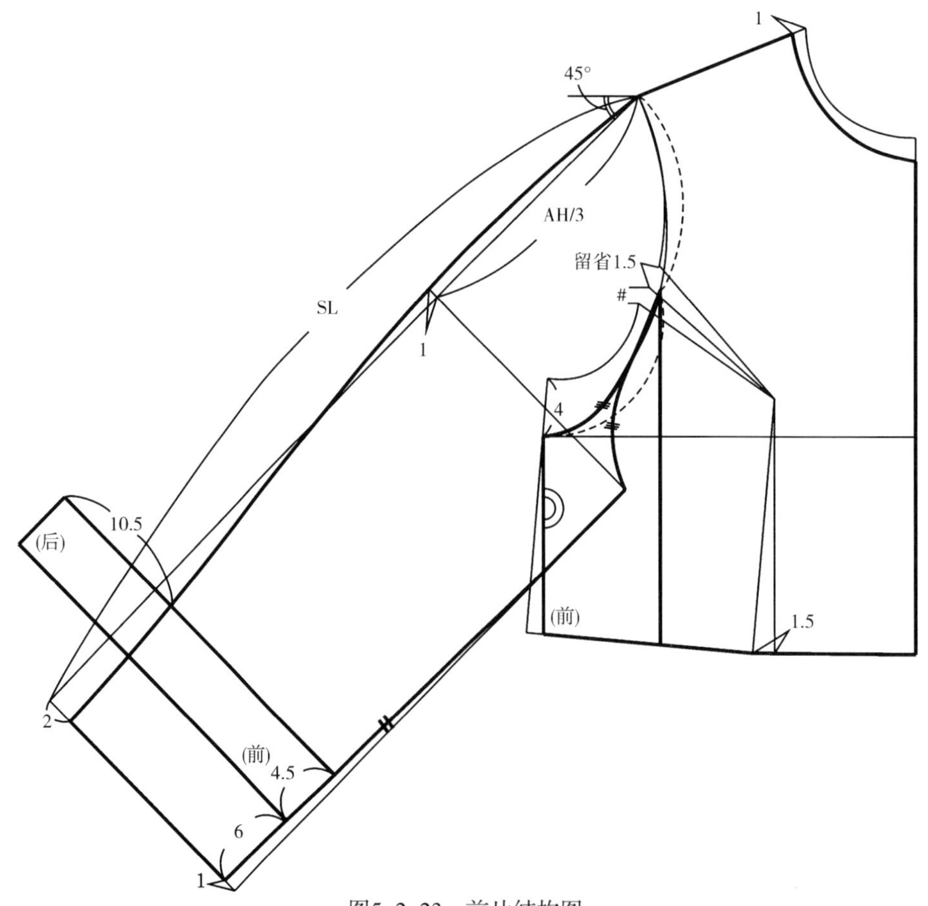

图5-2-23 前片结构图

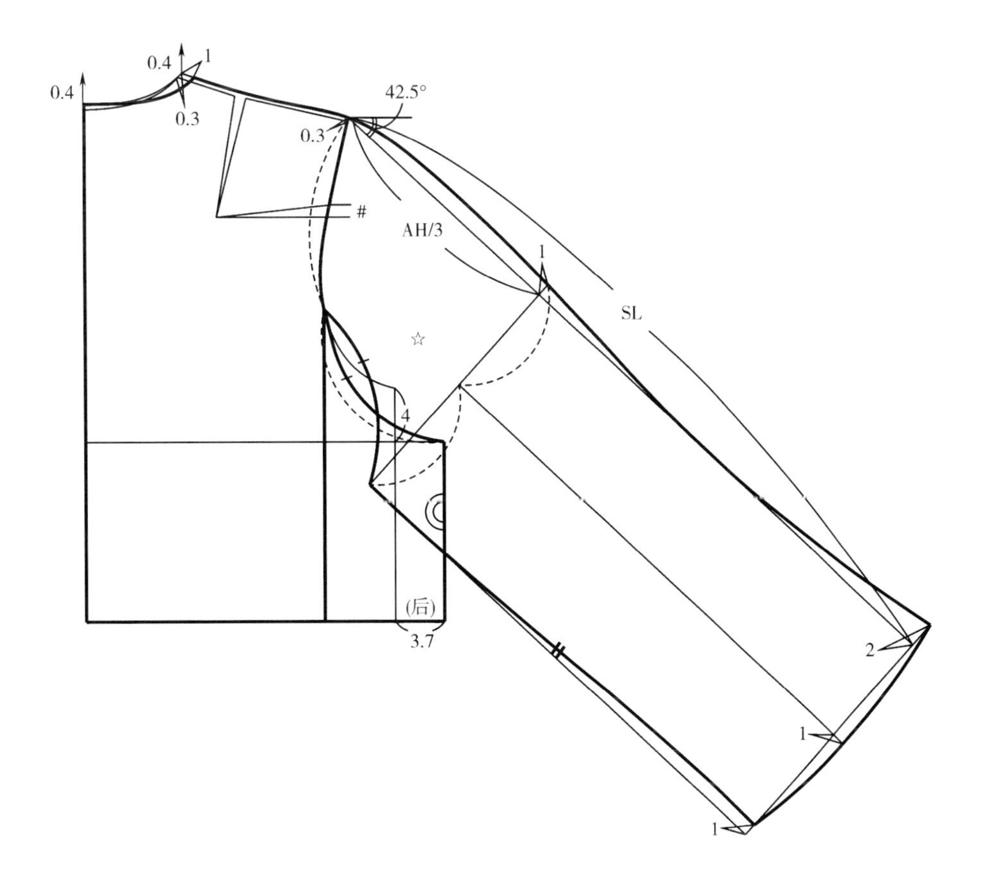

图5-2-24　后片结构图

如图5-2-25所示的是本款袖型的各裁片。

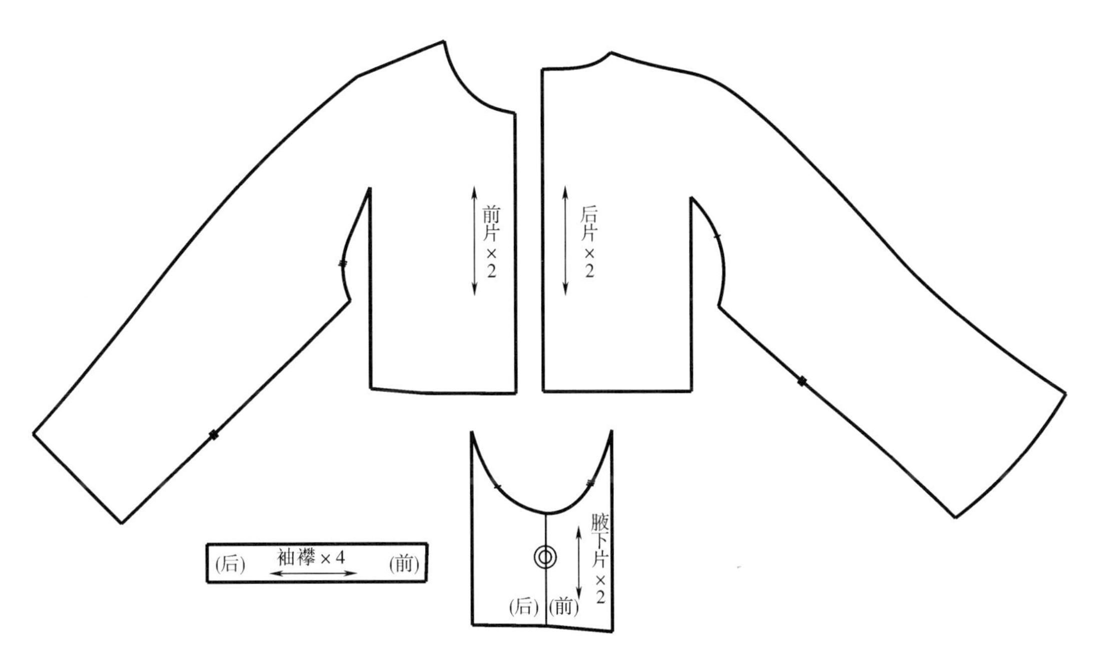

图5-2-25　裁片图

八、案例8：褶裥省道连身短袖（图5-2-26）

（一）规格设计（表5-2-8）

表5-2-8 规格表 单位：cm

160/84A	*B*	*S*	SL
人体尺寸	84	39.4	50.5
原型尺寸	96	39	—
服装尺寸	91.6	34	9

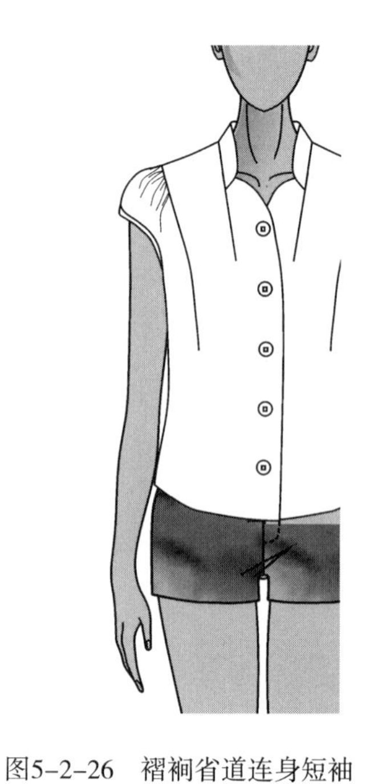

图5-2-26 褶裥省道连身短袖

（二）制图要点

根据图5-2-26所示的款式，分析本款袖型为褶裥省道连身短袖。

基本结构制图如图5-2-27所示，为方便连身袖制图，本款将原型袖窿省全部转移至腋下5cm处，后期根据款式转入省道。后肩省分为三部分，一是转移0.3cm到后领口作为松量；二是留1cm肩省在肩上，待转入分割线；三是留0.5cm肩省在肩缝作为吃势，缩缝。

根据款式绘制各分割线。前袖夹角为35°，后袖夹角为35°，无袖袖窿抬高1cm，连身袖沿分割线剪开，后期拉展褶皱。

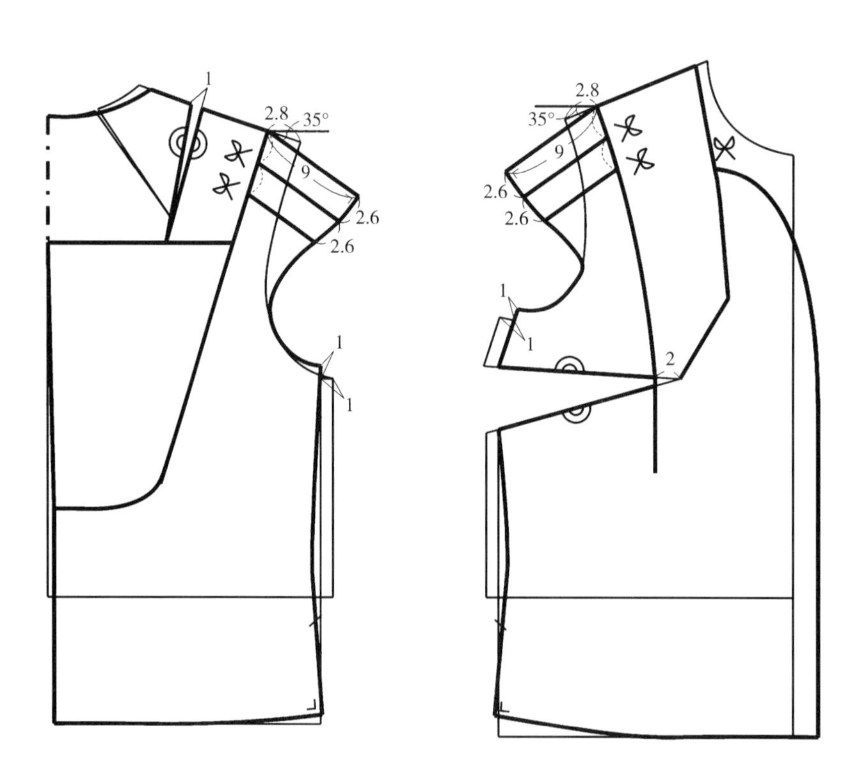

图5-2-27 基本结构图

完成基本结构制图后如图5-2-28所示，合并后肩省，将肩省转移至育克分割线，拉展后袖褶皱。合并前腋下省，3/4的省量转入前袖分割线，1/4的省量转为领口省，拉展前袖褶皱。

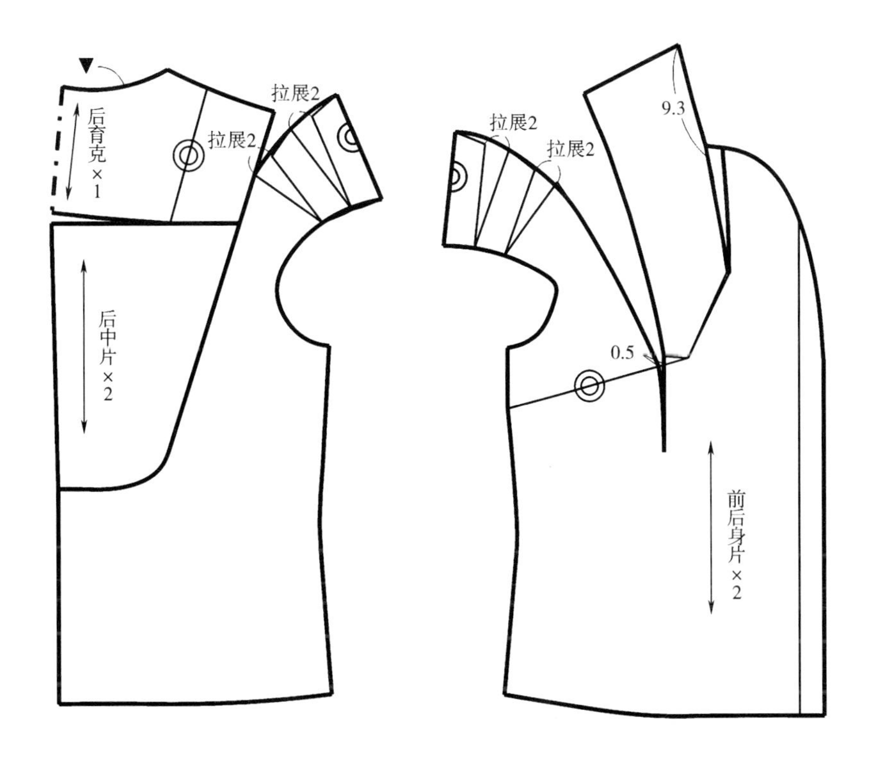

图5-2-28 展开图

最终完成裁片图如图5-2-29所示，合并前后身片。

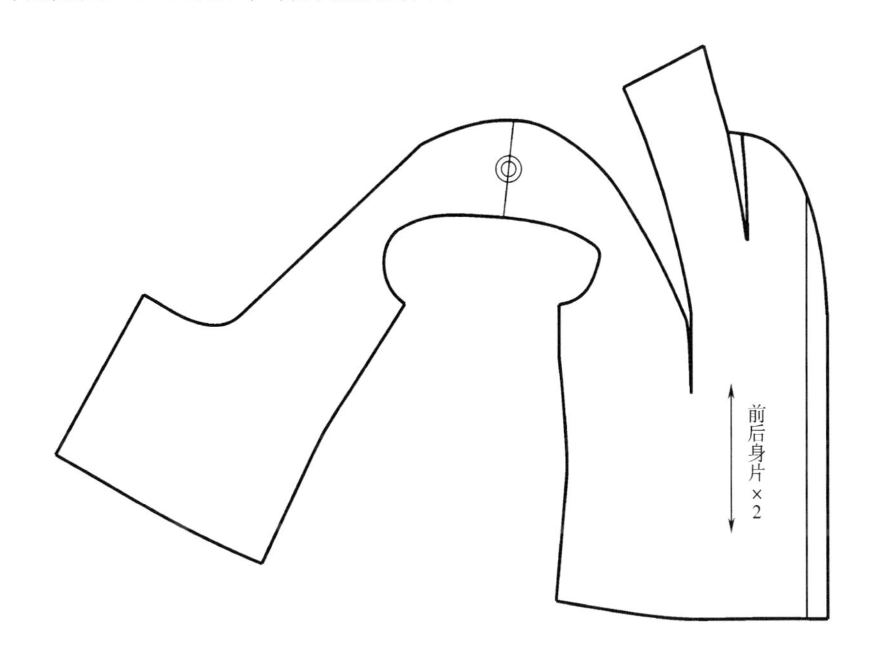

图5-2-29 裁片图

第六章　分割袖结构的变化与应用

第一节　分割袖结构变化

一、分割袖的角度变化

如图6-1-1所示，由于分割袖的角度变化，袖子的平整程度不同，左图袖子的角度比右图袖子的角度小，所以袖子在袖身上有明显的褶皱，而右图的袖子则下垂贴身，腋下干净平整。

图6-1-1　分割袖的角度变化

二、袖身的变化

根据服装整体风格不同，分割袖造型在合体与宽松、弯与直之间变化，如图6-1-2所示，左图袖身偏直，褶皱较多；右图袖身随手臂弯曲，合体平整。

图6-1-2　分割袖的弯、直变化

如图6-1-3所示，左图袖身肥大，袖型宽松；右图袖身细窄，袖型合体。

图6-1-3　分割袖的宽松、合体变化

三、分割线的变化

与连身袖不同的是，分割袖在肩部及袖窿处通常有明显的分割线，因此分割线的形状变化也是袖型结构变化的重要手法之一。如图6-1-4所示，分割袖可以根据款式需要设计不同形状的分割线。

图6-1-4 分割线的形状变化

四、袖子长短的变化

与其他袖型一样，分割袖的长短变化也十分自由、丰富，如图6-1-5所示。

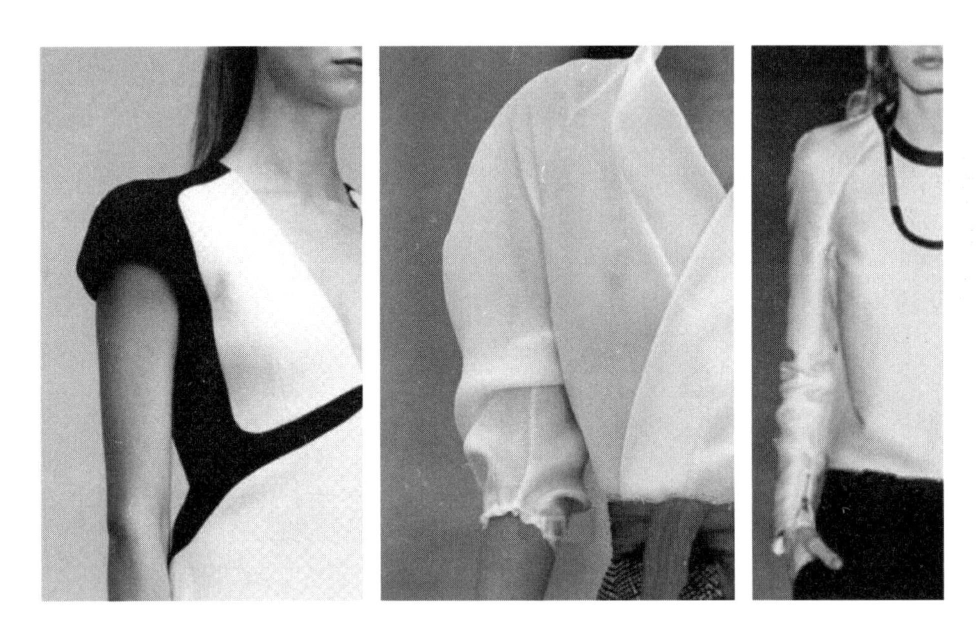

图6-1-5 分割袖的长短变化

五、装饰及其他的变化

同其他袖型一样，分割袖还可通过在袖山、袖身、袖口等不同部位增加波浪、褶皱、襻、扣等其他装饰丰富视觉效果，如图6-1-6所示。

图6-1-6　分割袖的装饰及其他变化

第二节　设计案例分析

一、案例1：立体插肩短袖（图6-2-1）

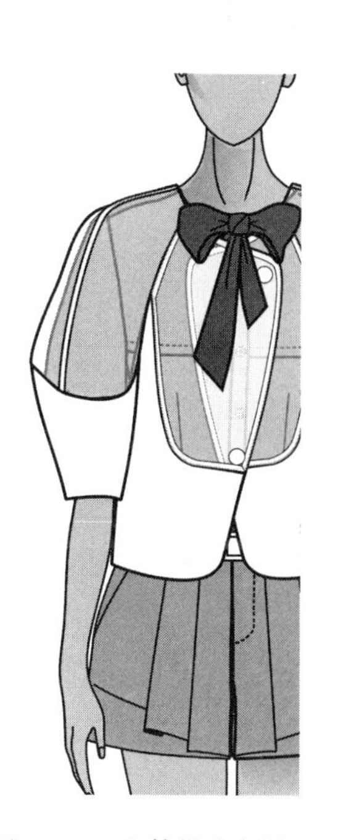

图6-2-1　立体插肩短袖

（一）规格设计（表6-2-1）

表6-2-1　规格表　　单位：cm

160/84A	*B*	*S*	SL
人体尺寸	84	39.4	50.5
原型尺寸	96	39	—
服装尺寸	96	39	25

（二）制图要点

根据图6-2-1所示的款式，分析本款袖型为下垂平整、袖身偏直的插肩短袖。

衣身与袖片结构制图如图6-2-2所示，原型前片的袖窿省留0.8cm作为袖窿松量，其余部分转移至腰部待后期处理为分割线；后肩省转移0.3cm到后领口，剩余留作肩省，后期转入插肩分割线。

前片胸围减小0.7cm，后片胸围加大0.7cm，前后袖窿下挖0.5cm，画顺袖窿，测量前后袖窿弧长之和为AH，前袖夹角为45°，后袖夹角为42.5°，袖山高为AH/3，袖口绘制成直角。

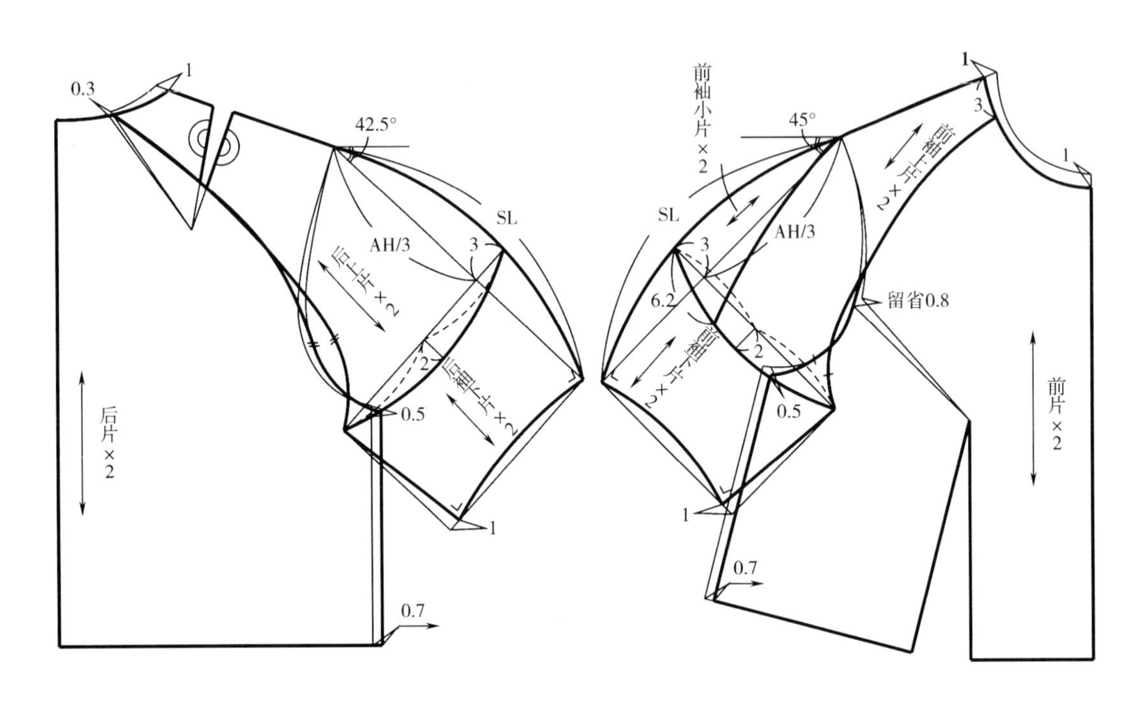

图6-2-2　结构图

二、案例2：直身型袖山褶裥半插肩中袖（图6-2-3）

（一）规格设计（表6-2-2）

表6-2-2　规格表　　单位：cm

160/84A	*B*	*S*	SL
人体尺寸	84	39.4	50.5
原型尺寸	96	39	—
服装尺寸	96	39	40

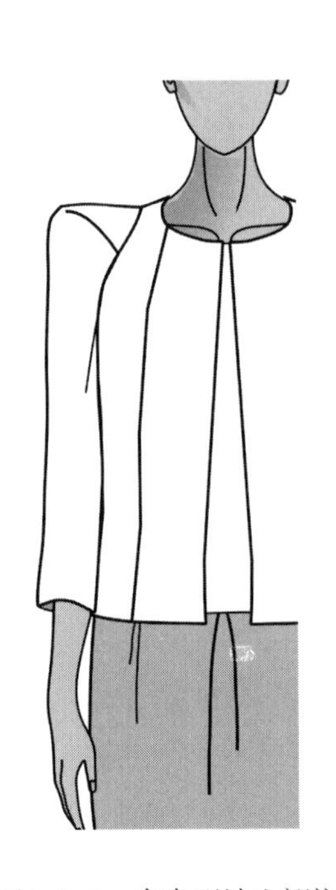

图6-2-3　直身型袖山褶裥半插肩中袖

（二）制图要点

根据图6-2-3所示的款式，分析本款袖型为下垂平整、袖身偏直的半插肩中袖。

前后片结构制图如图6-2-4、图6-2-5所示，原型前片的袖窿省留0.8cm作为袖窿松量，其余部分转移至腰部待后期处理为分割线；后肩省留0.3cm在肩上作吃势，剩下转移为领口省。前片胸围减小0.7cm，后片胸围加大0.7cm，前后袖窿下挖0.5cm，画顺袖窿，测量前后袖窿弧长之和为AH，前袖夹角为50°，后袖夹角为

45°，袖山高为AH/3+1cm，袖口绘制成直角。

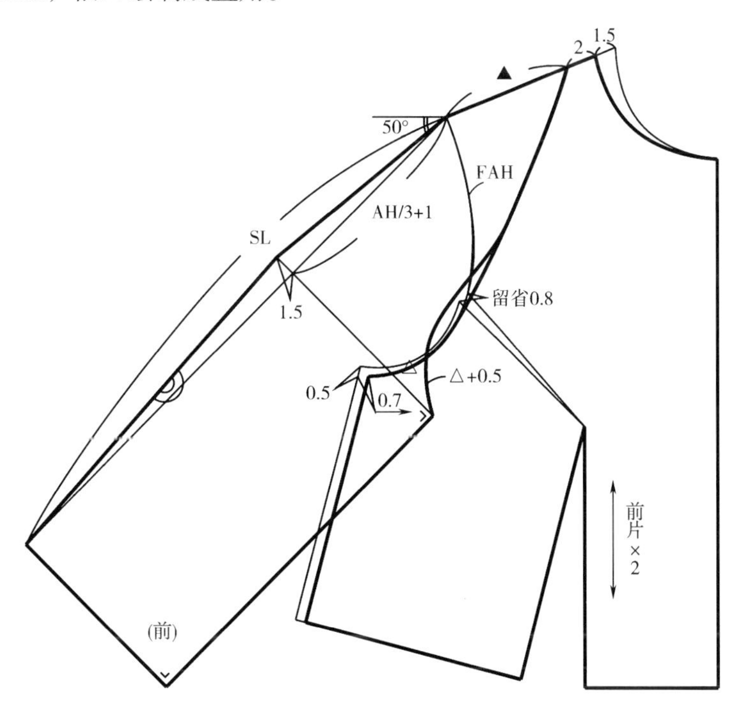

图6-2-4　前片结构图

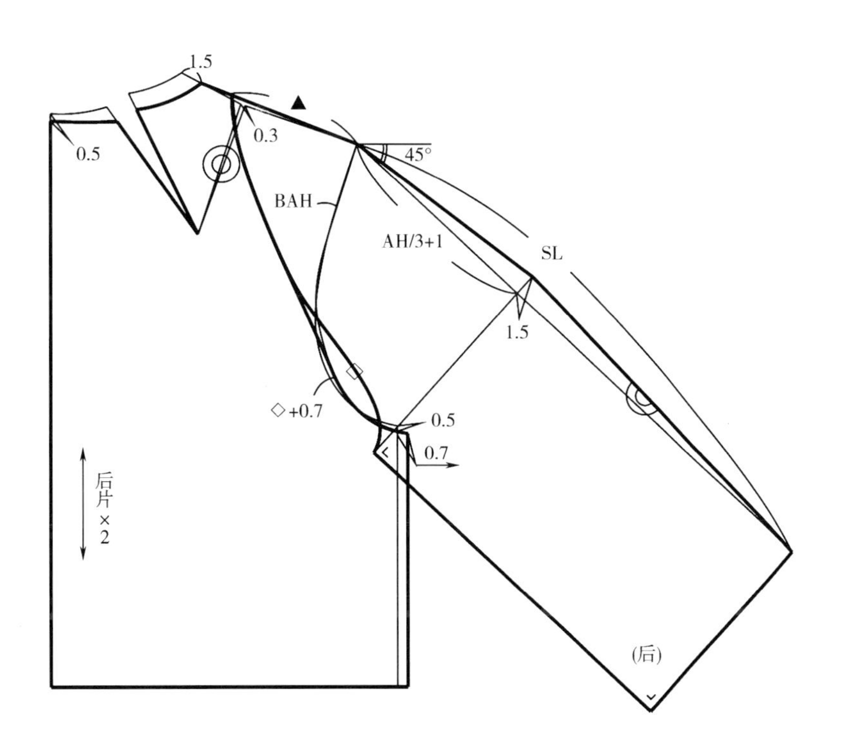

图6-2-5　后片结构图

袖子完成图如图6-2-6所示，以袖中线为基准，合并前后袖，袖山再向上提高5.5cm，并画顺。

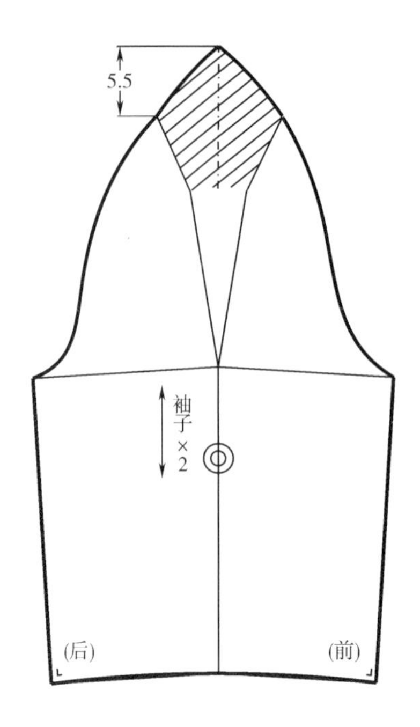

图6-2-6 袖子结构完成图

（三）白坯布样衣效果

如图6-2-7所示。

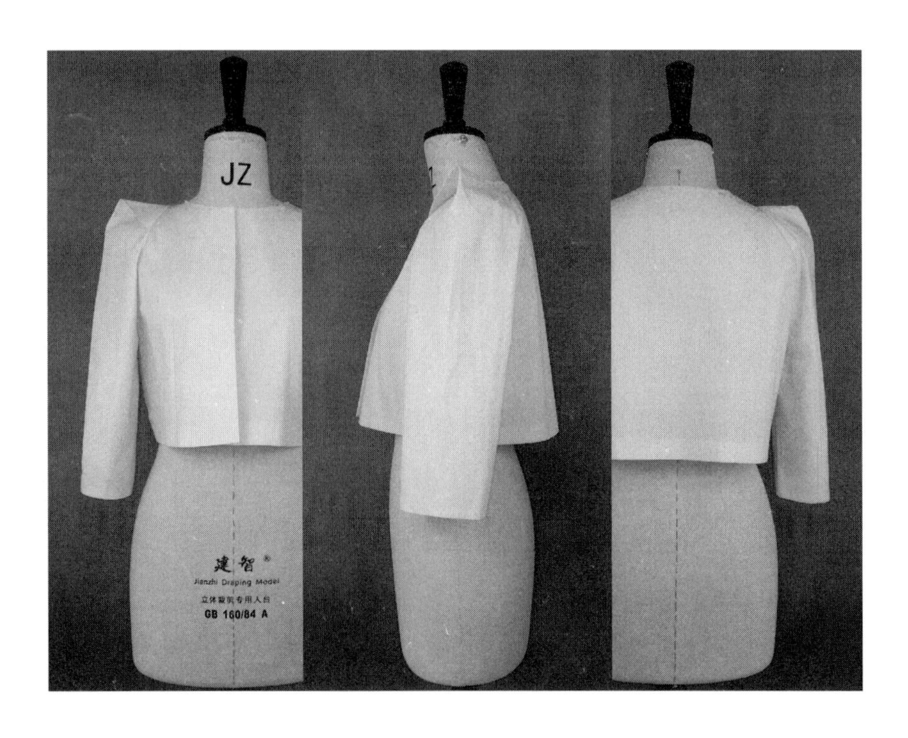

图6-2-7 白坯布样衣效果

三、案例3：直身宽松插肩七分袖（图6-2-8）

（一）规格设计（表6-2-3）

表6-2-3　规格表　　单位：cm

160/84A	B	S	SL
人体尺寸	84	39.4	50.5
原型尺寸	96	39	—
服装尺寸	110	39	45

图6-2-8　直身宽松插肩七分袖

（二）制图要点

根据图6-2-8所示的款式，分析本款袖型为下垂平整、袖身偏直、宽松的插肩七分袖。

前后片结构制图如图6-2-9、图6-2-10所示，原型前片的袖窿省转移部分到腰部，使腰部有1.5cm的松量，剩余部分留在袖窿作为松量，扣除0.8cm后，测量剩余袖窿省的垂直高度#；后片转移部分后肩省至后袖窿，其袖窿部位的省量为#，与前袖窿平衡，剩余部分留在肩部作为吃势。

前片胸围增加1.8cm，后片胸围加大5.2cm，前后袖窿下挖3.5cm，画顺袖窿，测量前后袖窿弧长之和为AH，前后肩端点抬高0.5cm，前袖夹角为45°，后袖夹角为42.5°，袖山高为AH/3+1cm，袖口绘制成直角。

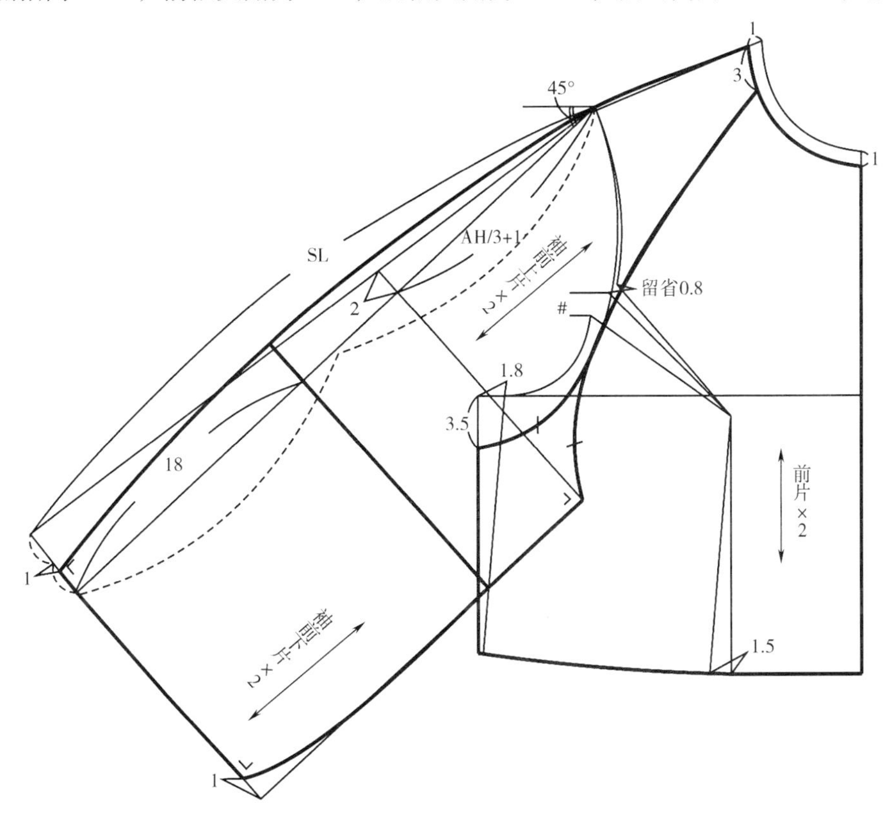

图6-2-9　前片结构图

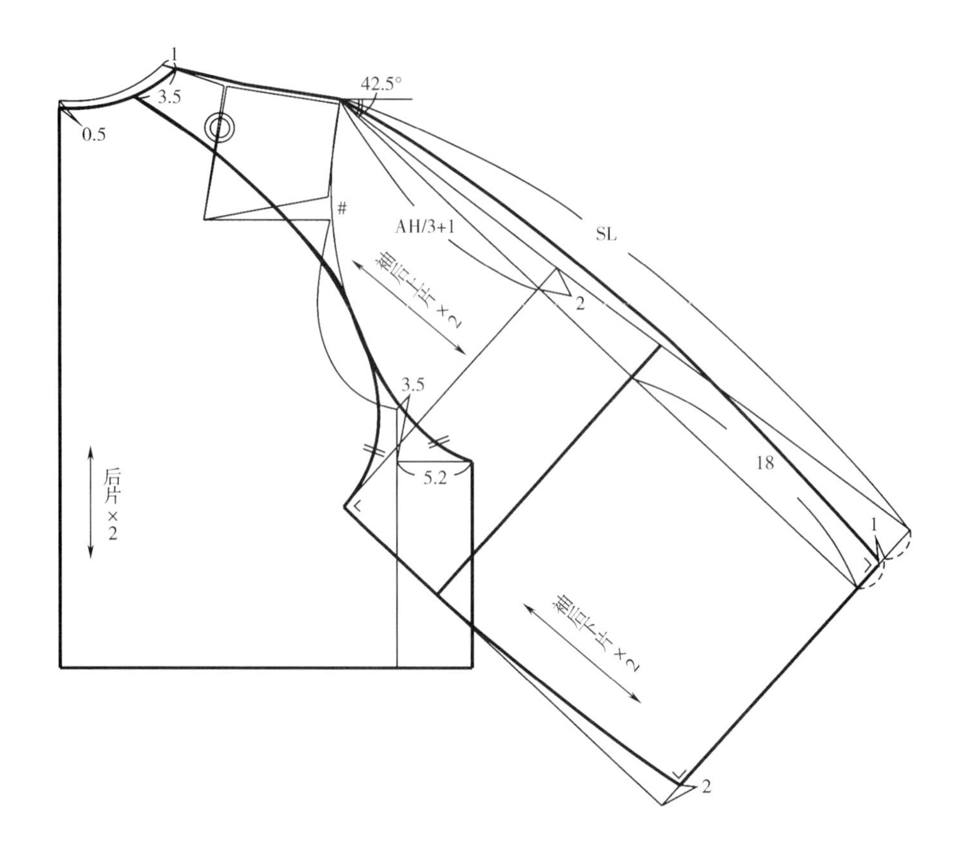

图6-2-10　后片结构图

（三）白坯布样衣效果

如图6-2-11所示。

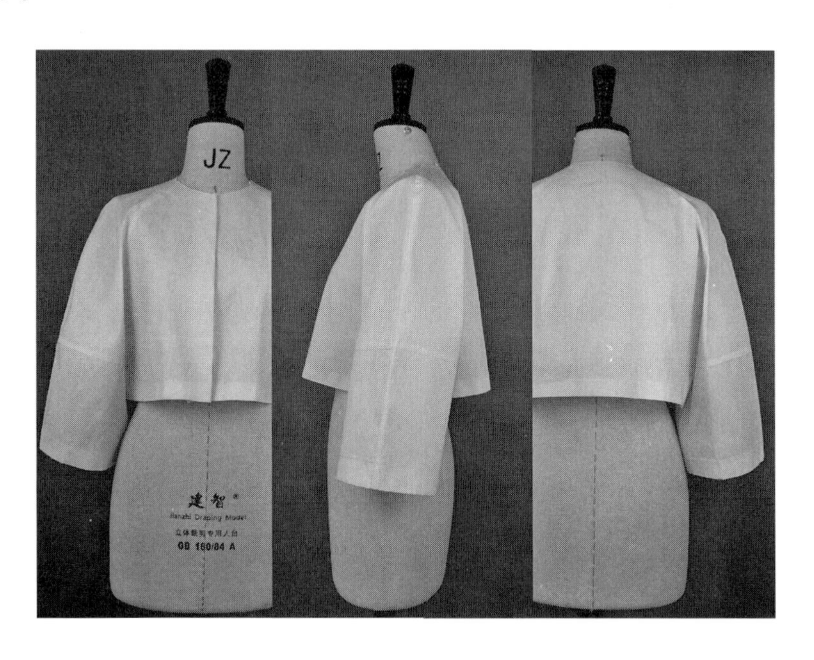

图6-2-11　白坯布样衣效果

四、案例4：直身宽松褶裥半插肩灯笼袖（图6-2-12）

（一）规格设计（表6-2-4）

表6-2-4　规格表　　　　单位：cm

160/84A	*B*	*S*	SL	CW
人体尺寸	84	39.4	50.5	—
原型尺寸	96	39	—	—
服装尺寸	92.6	38	55.5	11.5

图6-2-12　直身宽松褶裥半插肩灯笼袖

（二）制图要点

根据图6-2-12所示的款式，分析本款袖型为下垂平整、袖身偏直、宽松褶皱的半插肩长袖。

前后片结构制图如图6-2-13、图6-2-14所示，原型前片的袖窿省留0.8cm作为袖窿松量，其余部分转移至腰部待后期处理；后肩省转移到后领口，留0.3cm作为领口松量，其余收领口省。

前片胸围减少1.7cm，前后袖窿下挖0.5cm，画顺袖窿，测量前后袖窿弧长之和为AH，前袖夹角为45°，后袖夹角为42.5°，袖山高为AH/3，袖长为SL-4.5cm，袖口绘制成直角。袖头宽5.5cm，长23cm。注意，结构图的袖长比规格表中的袖长略长，是由于袖口和袖山收褶后会造成袖子长度的损耗，所以制图时可根据情况加长袖长尺寸，本例增加1cm。

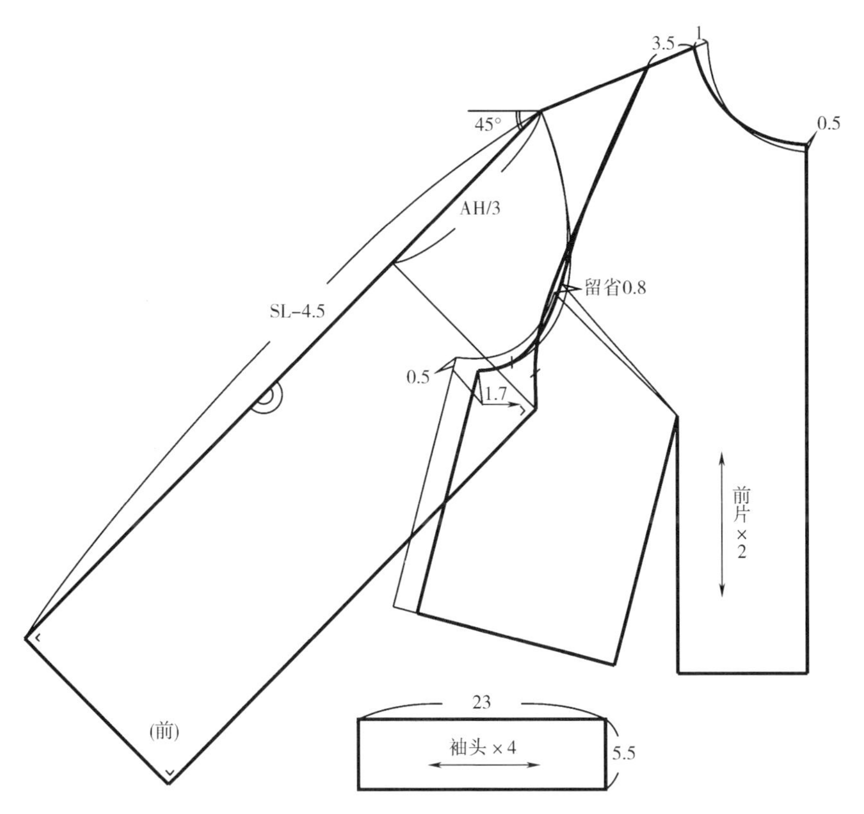

图6-2-13　前片结构图

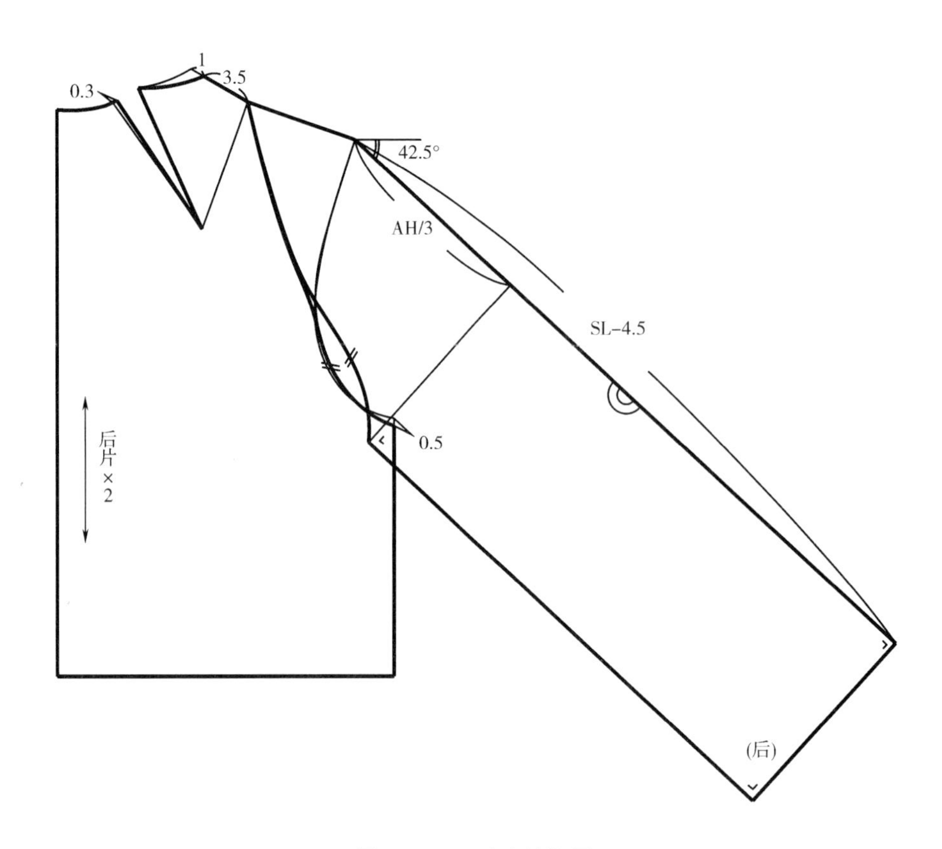

图6-2-14 后片结构图

袖子结构制图如图6-2-15所示，以袖中线为基准合并前后袖，肩点部分形成夹角β，沿袖中线剪开，拉展袖口，使夹角由β变为$\beta/2$，并画顺袖山和袖口弧线。

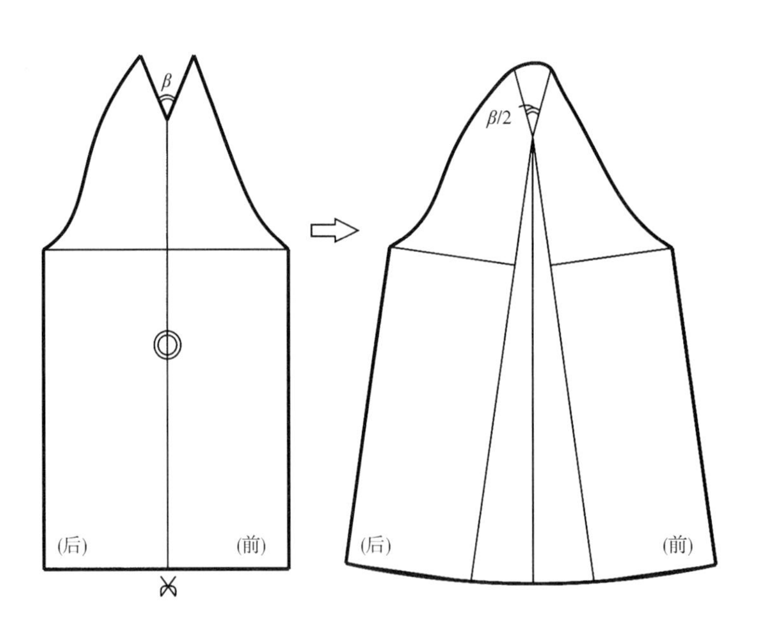

图6-2-15 袖子结构展开图

袖子最终结构完成图如图6-2-16所示，绘制5条褶皱分割线，每个褶皱水平拉展2cm，形成袖山和袖口褶量，画顺袖口和袖山，袖缝开衩8cm。

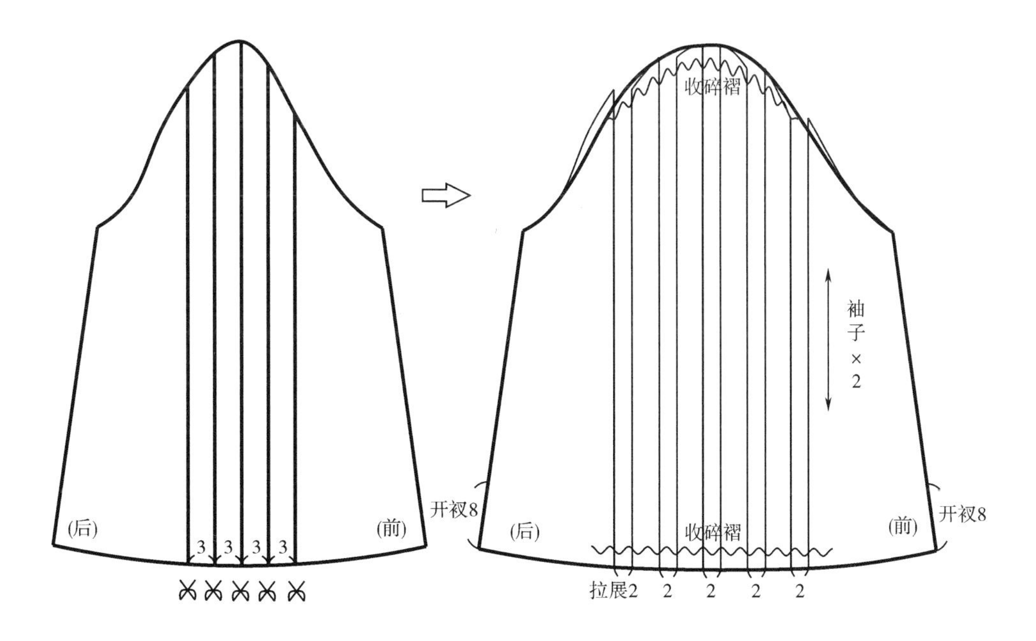

图6-2-16 袖子结构完成图

（三）白坯布样衣效果

如图6-2-17所示。

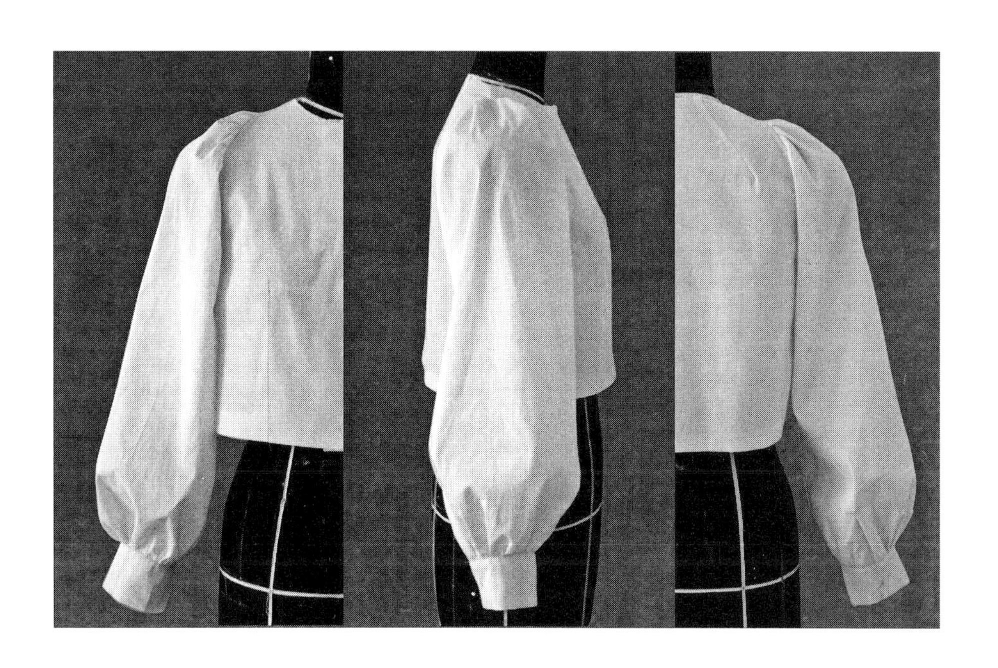

图6-2-17 白坯布样衣效果

五、案例5：直身合体半插肩长袖（图6-2-18）

（一）规格设计（表6-2-5）

表6-2-5　规格表　　单位：cm

160/84A	*B*	*S*	SL	CW
人体尺寸	84	39.4	50.5	—
原型尺寸	96	39	—	—
服装尺寸	96	38	54	12

图6-2-18　直身合体半插肩长袖

（二）制图要点

根据图6-2-18所示的款式，分析本款袖型为下垂略有褶皱、袖身偏直、合体的半插肩长袖。

前后片结构制图如图6-2-19、图6-2-20所示，后肩省转移0.3cm到后领口，其余部分收肩省；原型前片的袖窿省留0.8cm作为袖窿松量，其余部分转移至腰部待后期处理。

前片胸围减少0.7cm，后片胸围增加0.7cm，前后袖窿下挖0.5cm，画顺袖窿，测量前后袖窿弧长之和为AH，前袖夹角为45°，后袖夹角为42.5°，袖山高为AH/3，前袖口为CW−0.5cm，后袖口为CW+0.5cm，袖口绘制成直角。

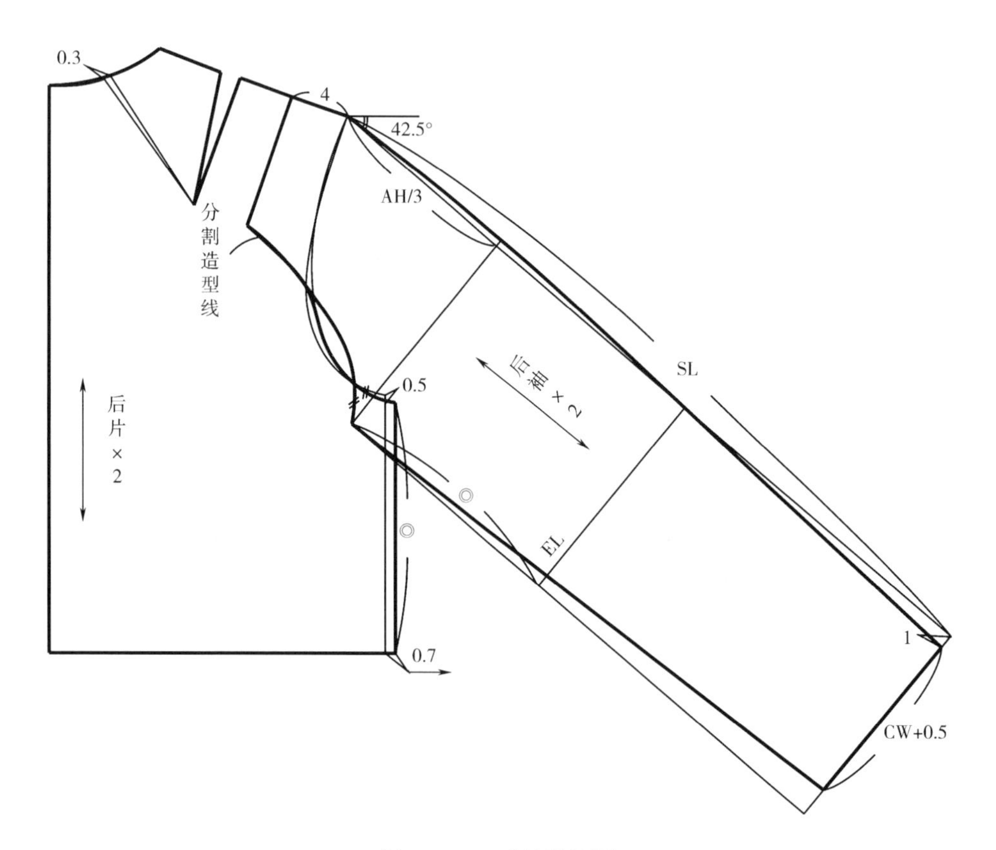

图6-2-19　后片结构图

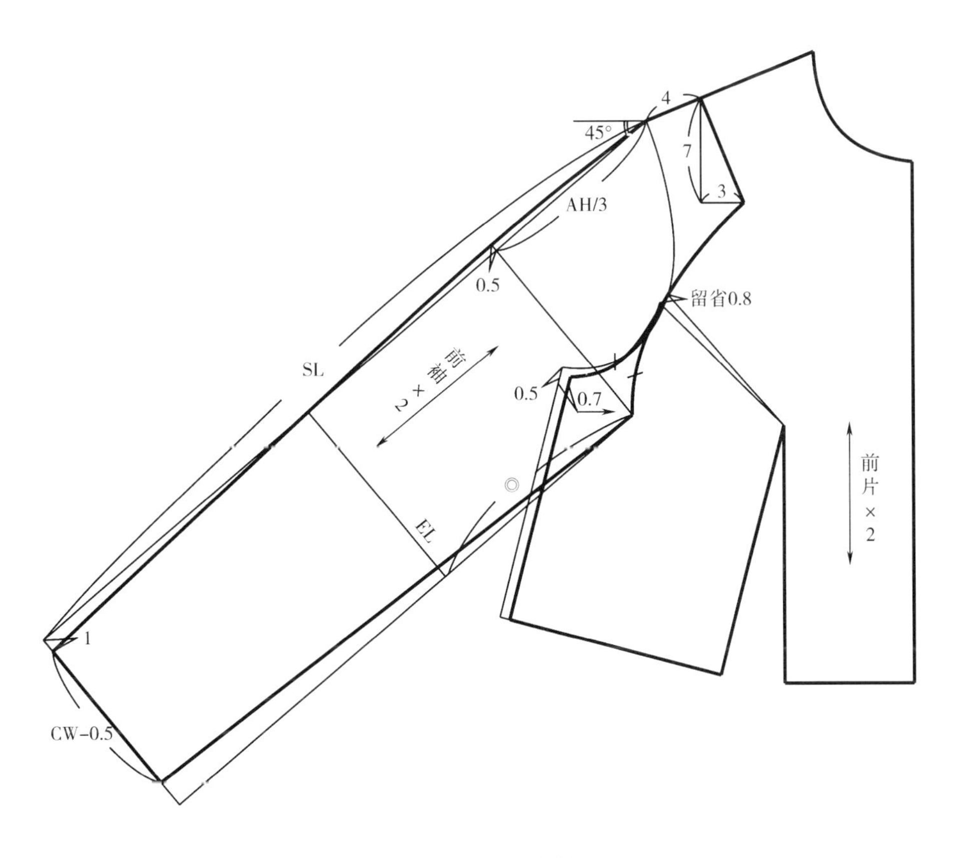

图6-2-20　前片结构图

（三）白坯布样衣效果

如图6-2-21所示。

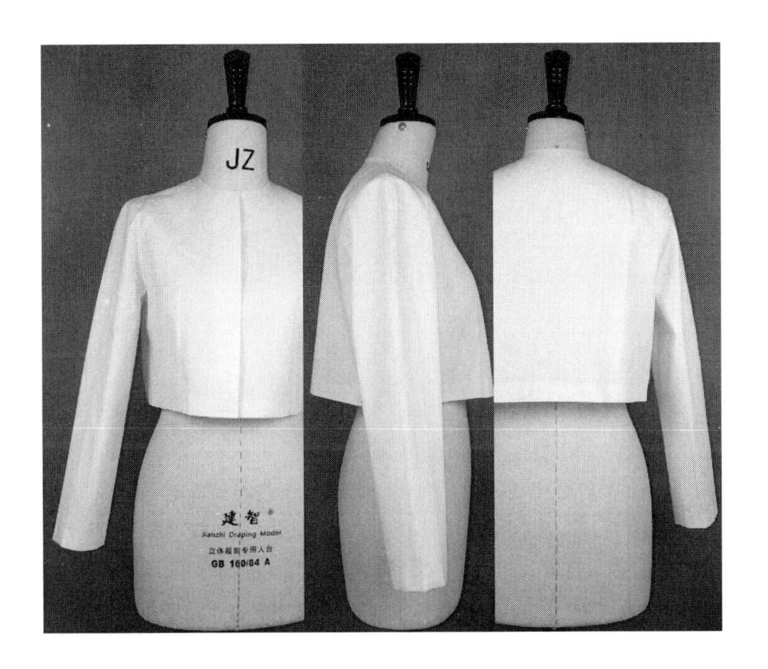

图6-2-21　白坯布样衣效果

六、案例6：弯身合体分割插肩长袖（图6-2-22）

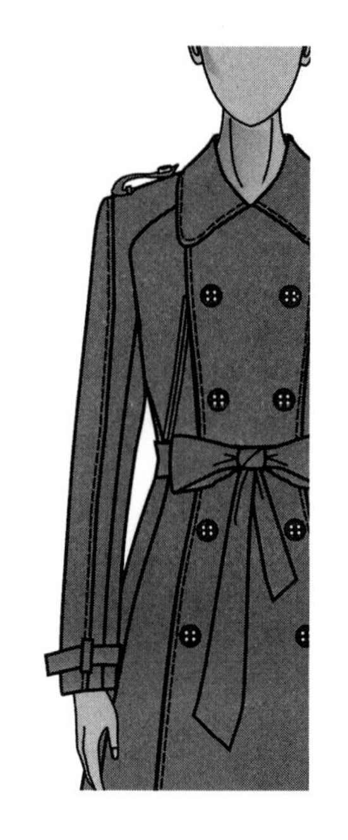

图6-2-22 弯身合体分割插肩长袖

（一）规格设计（表6-2-6）

表6-2-6 规格表　　单位：cm

160/84A	*B*	*S*	SL	CW
人体尺寸	84	39.4	50.5	—
原型尺寸	96	39	—	—
服装尺寸	96	38	56	13

（二）制图要点

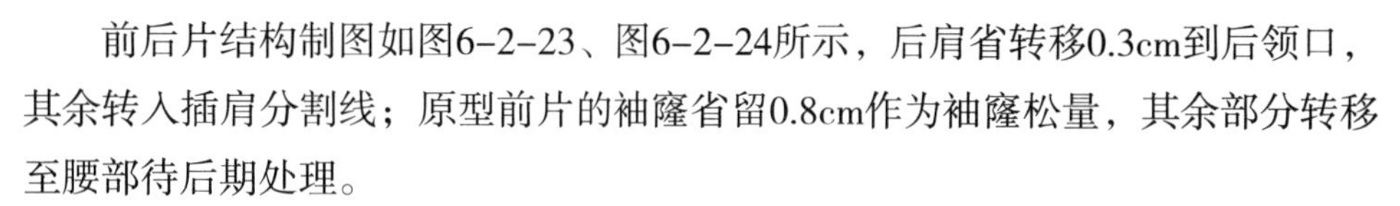

根据图6-2-22所示的款式，分析本款袖型为下垂平整、袖身弯曲合体的插肩长袖。

前后片结构制图如图6-2-23、图6-2-24所示，后肩省转移0.3cm到后领口，其余转入插肩分割线；原型前片的袖窿省留0.8cm作为袖窿松量，其余部分转移至腰部待后期处理。

前片胸围减少0.7cm，后片胸围增加0.7cm，前后袖窿下挖0.5cm，画顺袖窿，测量前后袖窿弧长之和为AH，前袖夹角为50°，后袖夹角为45°，袖山高为AH/3+1cm。

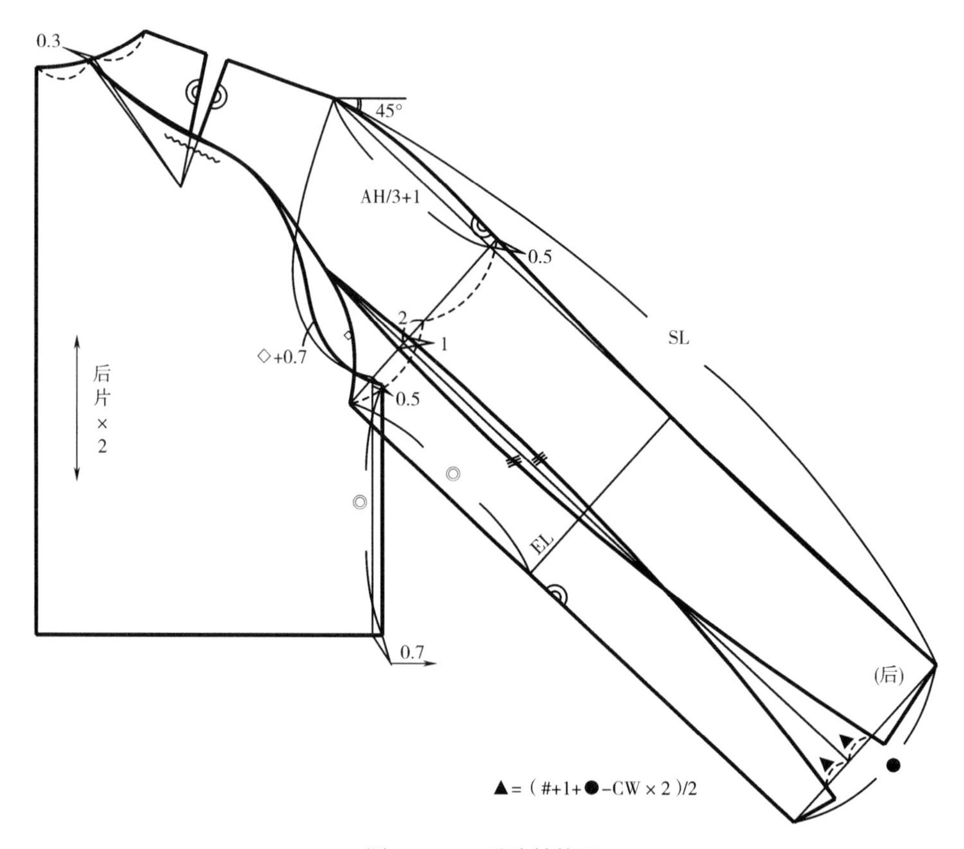

图6-2-23 后片结构图

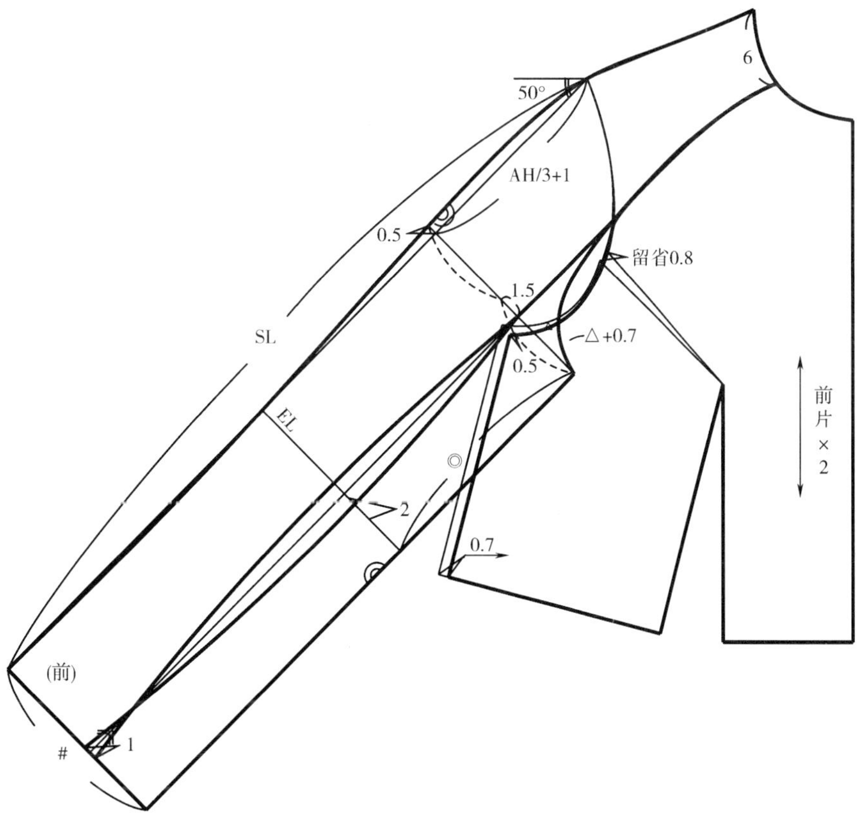

图6-2-24　前片结构图

袖子结构完成图如图6-2-25所示，根据袖中线合并前后袖，根据款式画顺分割线。分割前连身袖、后连身袖和大袖，合并小袖。考虑到面料厚度，大袖的袖山高需略抬高，抬高量与面料厚度和缝份倒向有关，本例抬高0.5cm。

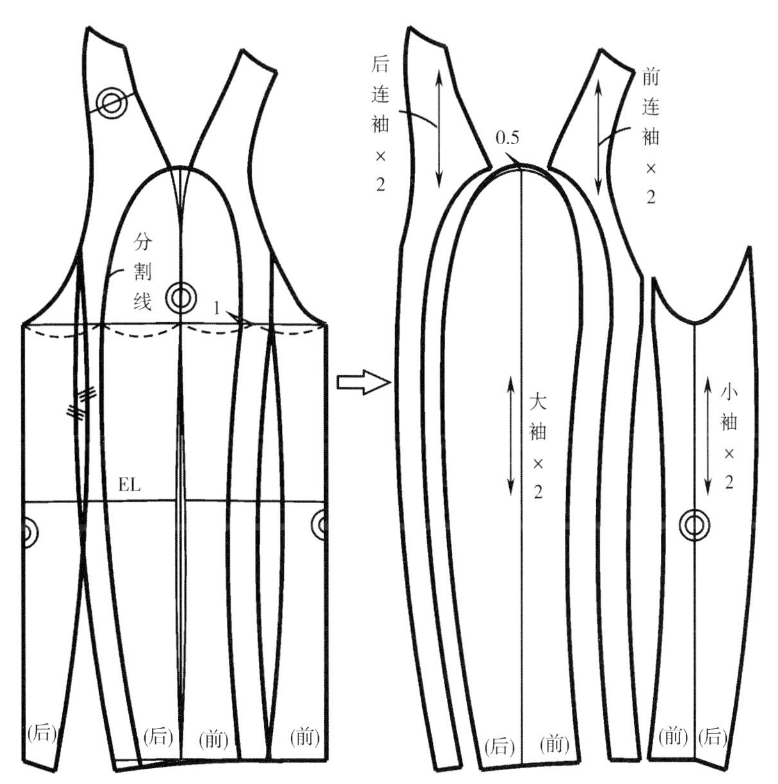

图6-2-25　袖子结构完成图

（三）白坯布样衣效果

如图6-2-26所示。

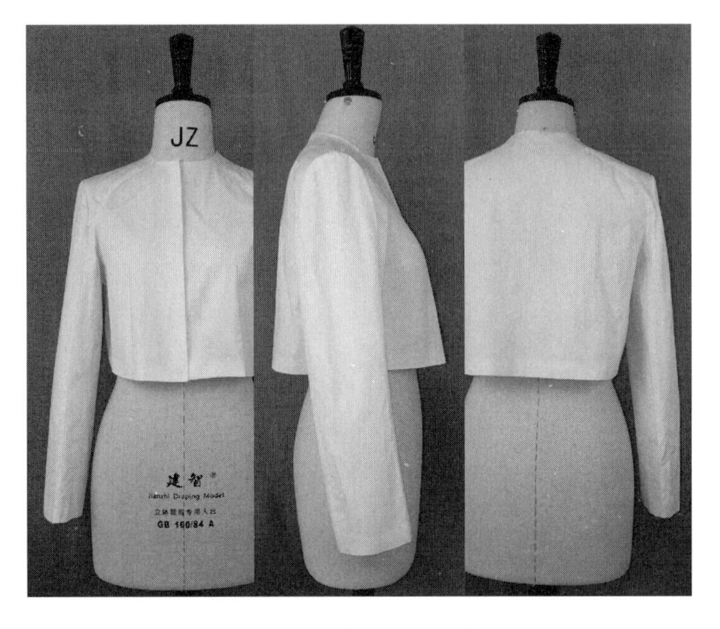

图6-2-26　白坯布样衣效果

七、案例7：插肩灯笼长袖（图6-2-27）

（一）规格设计（表6-2-7）

表6-2-7　规格表　　单位：cm

160/84A	*B*	*S*	SL
人体尺寸	84	39.4	50.5
原型尺寸	96	39	—
服装尺寸	96	39	60

图6-2-27　插肩灯笼长袖

（二）制图要点

根据图6-2-27所示的款式，分析本款袖型为灯笼型插肩长袖。

基本结构制图如图6-2-28所示。本款将前片袖窿省分为两部分，一是留1cm在袖窿作为松量，二是将剩下的省量转移为腋下省；后肩省分为两部分，一是转移0.3cm到后领口作为松量，二是将剩余部分肩省留在肩上，待后期制图时转入插肩分割线。

根据款式绘制插肩分割线。后袖夹角为45°，袖山高在前后平均袖窿深5/6的基础上向上抬高0.2cm，前袖夹角为50°，后袖夹角为45°。绘制袖克夫。

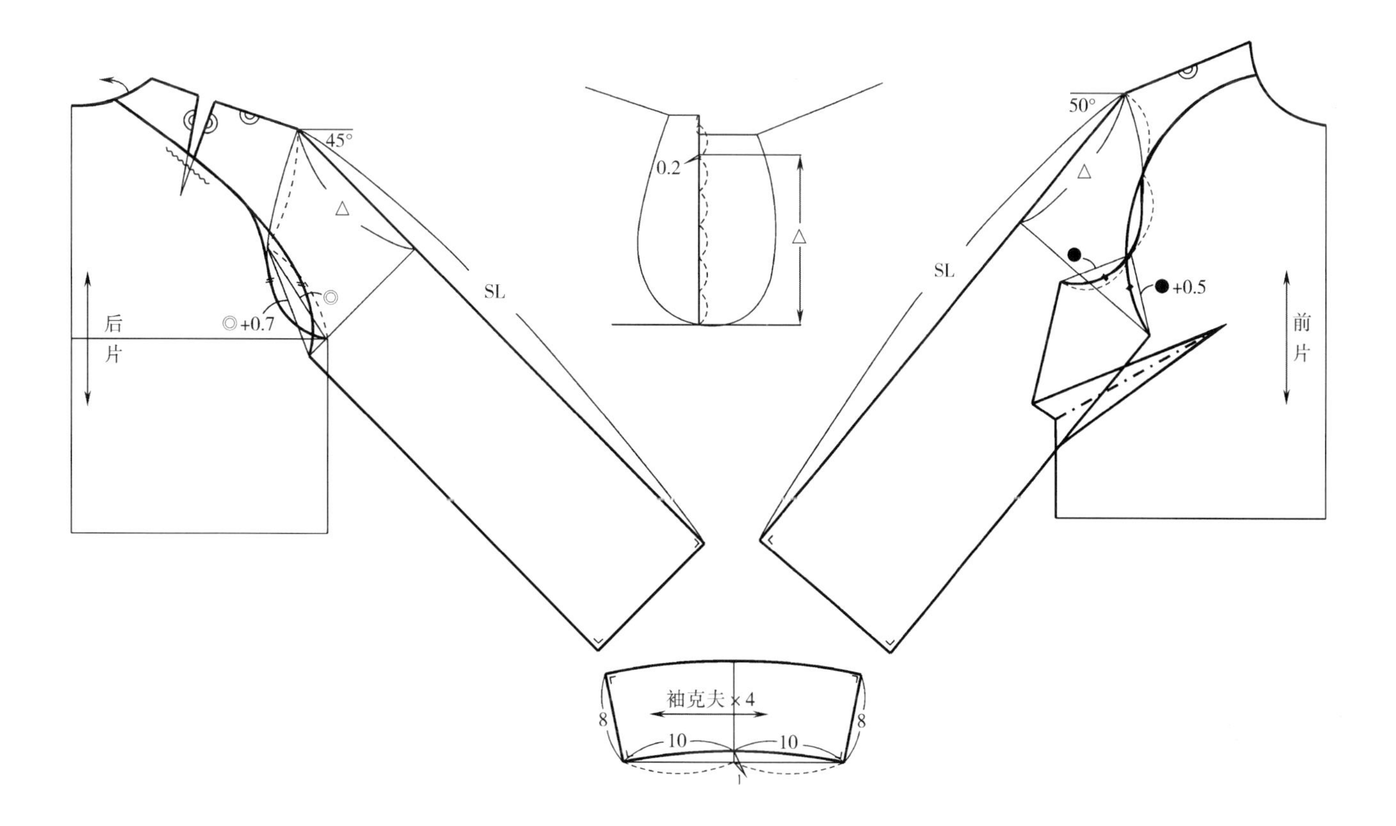

图6-2-28　基本结构图

袖子结构完成图如图6-2-29所示，合并后肩省，合并前后肩缝，袖口张开，画顺袖口，袖口多余量收碎褶。

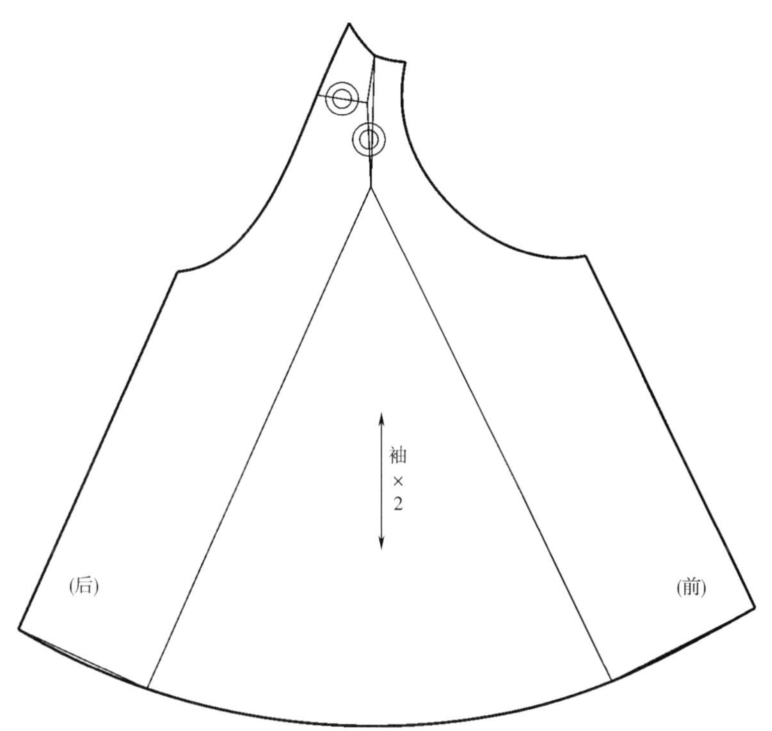

图6-2-29　袖子结构完成图

第七章　各种袖型的组合变化与应用

第一节　各种袖型的组合变化

各种袖型的组合变化是指设计师将两种及两种以上的袖型应用在同一款服装上，以达到丰富视觉效果的目的。具体分析，常用的手法有以下几种。

一、前后组合变化

所谓前后组合变化，是指根据人体手臂的前后方位，将袖子的正视面和背视面设计成两种不同的袖型结构。

如图7-1-1所示的袖型为前后组合形式，左图为服装正面，袖型为连身袖结构，右图为服装背面，袖型为分割袖结构。

图7-1-1　前后组合变化

二、上下组合变化

所谓上下组合变化，是指根据袖山与袖窿的关系，将袖山的上部分和下部分设计成两种不同的袖型结构。

如图7-1-2所示的袖型为上下组合形式，左图的袖山上半部分为分割袖结构，下半部分为无袖结构；右图的袖山上半部分为分割袖结构，下半部分为装袖结构。

图7-1-2　上下组合变化

三、左右组合变化

所谓左右组合变化，是指将服装的左右袖型设计成不同类型。如图7-1-3所示，服装的一边为无袖结构，一边为连身袖结构。

图7-1-3　左右组合变化

四、其他组合变化

除了上述三种组合变化外，还可以通过将袖型的前后、左右、上下同时变化，丰富服装造型，也可将不同袖型形态通过省道、褶皱、分割等形式以新的方式组合。

如图7-1-4所示，该袖型利用省道和分割线，变化出在结构上是分割袖，但造型上又是装袖的袖型，别具一格。

图7-1-4 其他组合变化

第二节 设计案例分析

一、案例1：双层波浪组合短袖（图7-2-1）

（一）规格设计（表7-2-1）

表7-2-1 规格表 单位：cm

160/84A	*B*	*S*	SL
人体尺寸	84	39.4	50.5
原型尺寸	96	39	—
服装尺寸	96	39	28

图7-2-1 双层波浪组合短袖

（二）制图要点

根据图7-2-1所示的款式，分析本款袖型为连身袖与装袖的组合，是袖身下垂、腋下较平整、袖身偏直、双层波浪短袖。

前后片结构制图如图7-2-2、图7-2-3所示，原型前片的袖窿省留0.8cm作为袖窿松量，其余部分转移至腰部待后期处理；后肩省转移0.3cm到后领口作为领口松量，其余收肩省。

前片胸围减少0.7cm，后片胸围增加0.7cm，画顺袖窿，测量前后袖窿弧长之和为AH，前袖夹角为

45°，后袖夹角为42.5°，袖山高为AH/3，袖口绘制成直角。

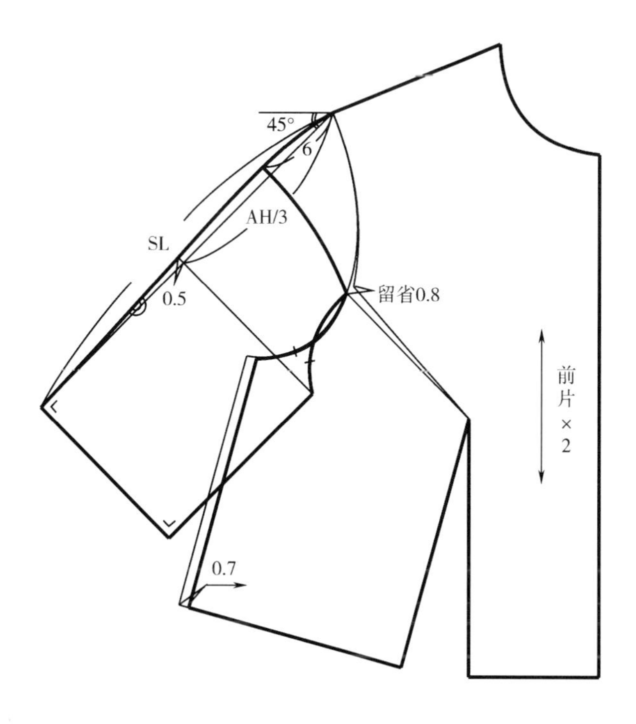

图7-2-2　前片结构图

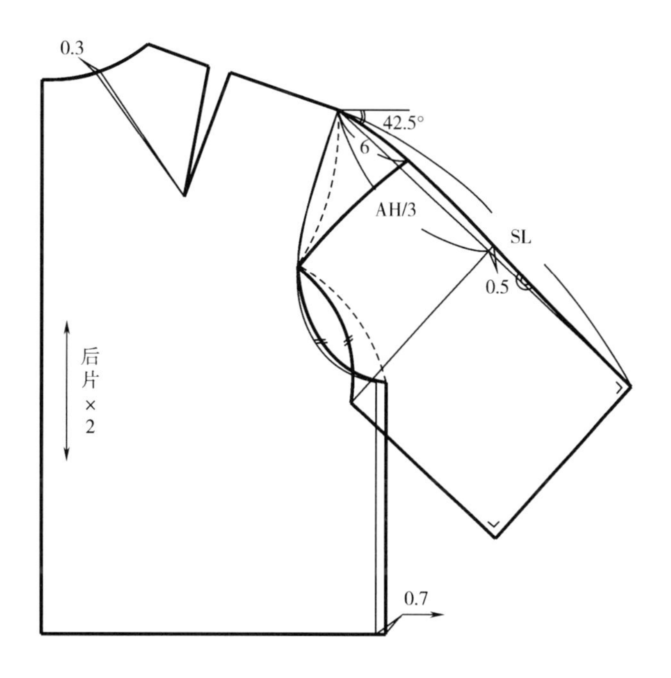

图7-2-3　后片结构图

下层袖子结构制图如图7-2-4所示，绘制下层袖子的波浪分割线，拉展下层袖子的袖口，拉展量的大小根据造型和面料确定，本例的每条分割线拉展10cm。

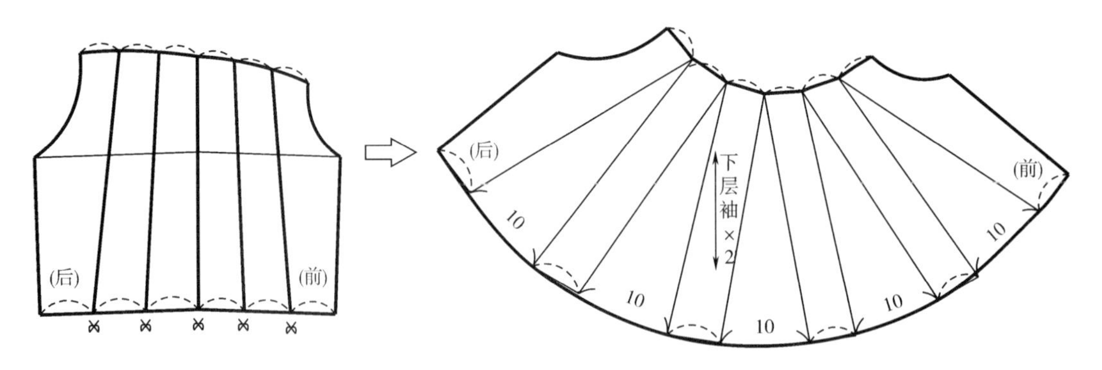

图7-2-4 下层袖子结构展开图

上层袖子结构制图如图7-2-5所示，上层袖子比下层袖子短7cm，绘制上层袖子的波浪分割线，拉展上层袖子的袖口，拉展量的大小根据造型和面料确定，本例的每条分割线拉展6cm。

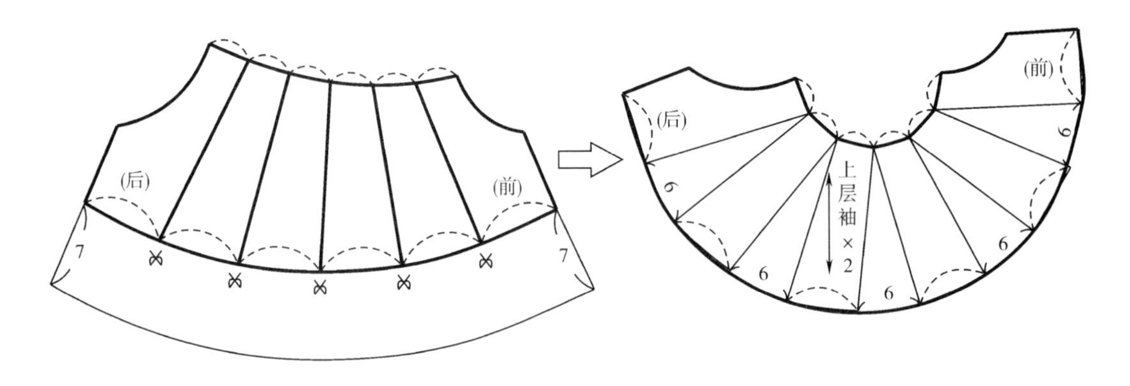

图7-2-5 上层袖子结构展开图

（三）白坯布样衣效果

如图7-2-6所示。

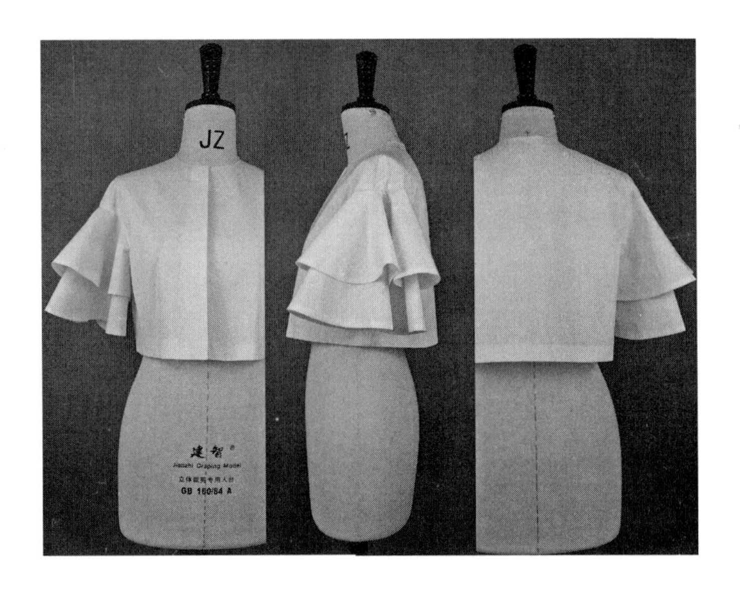

图7-2-6 白坯布样衣效果

二、案例2：褶裥分割组合短袖（图7-2-7）

（一）规格设计（表7-2-2）

表7-2-2　规格表　　单位：cm

160/84A	*B*	*S*	SL
人体尺寸	84	39.4	50.5
原型尺寸	96	39	—
服装尺寸	101.4	39	27

图7-2-7　褶裥分割组合短袖

（二）制图要点

根据图7-2-7所示的款式，分析本款袖型为连身袖与分割袖的组合，前片为连身袖结构，后片为分割袖结构，是袖身下垂、腋下平整、袖身偏直的短袖。

前后片基本结构制图如图7-2-8所示，原型前片的袖窿省留0.8cm作为袖窿松量，其余部分制图时还是放置在袖窿，衣身部分的省道直接转入衣身分割线，袖子部分多出的省量则为袖子褶皱的一部分；后肩省转移部分到后领口，留0.3cm作为领口松量，其余部分转移到后插肩分割线。

后片胸围增加2.7cm，前后袖窿下挖1cm，画顺袖窿，测量前后袖窿弧长之和为AH，前袖夹角为45°，后袖夹角为42.5°，袖山高为AH/3，袖口绘制成直角。

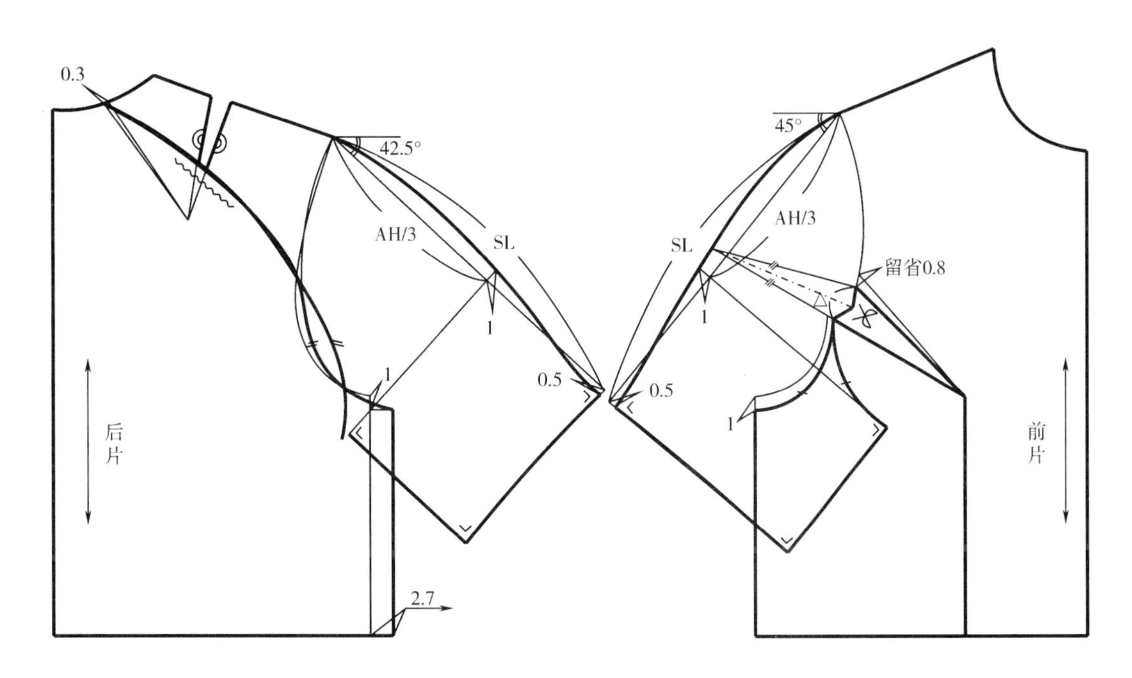

图7-2-8　基本结构图

衣身、袖子结构完成图如图7-2-9所示，将后片和后袖片沿分割线裁开，前片将前侧片与前片裁开，衣身部分的省道则转入分割线，前片袖身部分的省道则沿图7-2-8所示的省中线剪开拉展，拉展后的总量（含原省量）共6cm（此量可自由设计），缝制时缝成从上向下倒的活裥。

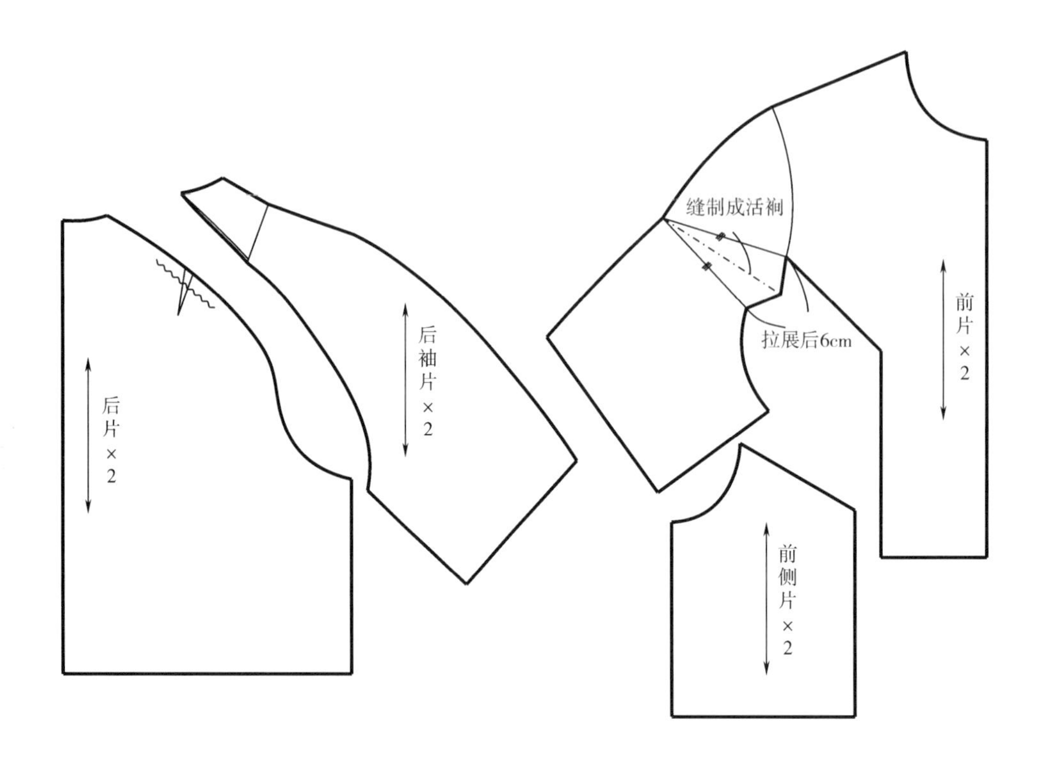

图7-2-9 衣身、袖子结构完成图

（三）白坯布样衣效果

如图7-2-10所示。

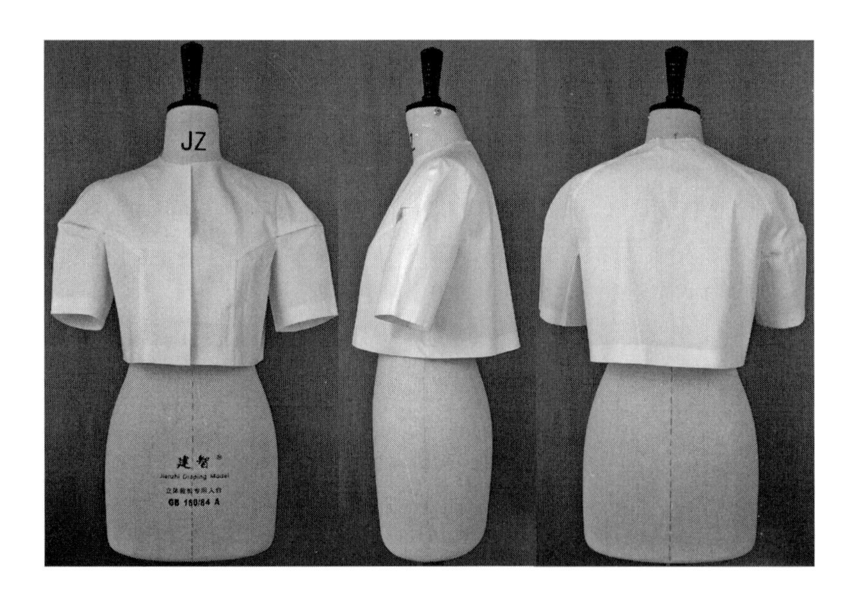

图7-2-10 白坯布样衣效果

三、案例3：省道分割合体弯身组合袖（图7-2-11）

（一）规格设计（表7-2-3）

表7-2-3　规格表　　　　单位：cm

160/84A	*B*	*S*	SL	CW
人体尺寸	84	39.4	50.5	—
原型尺寸	96	39	—	—
服装尺寸	96	39	56	13

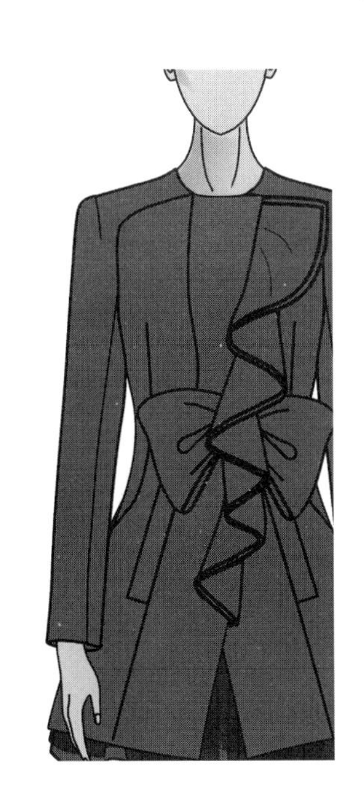

图7-2-11　省道分割合体弯身组合袖

（二）制图要点

根据图7-2-11所示的款式，分析本款袖型为装袖与分割袖的组合，前片为分割袖结构，后片为装袖结构，是袖身下垂、腋下平整、袖身弯曲的合体长袖。

前后片结构制图如图7-2-12、图7-2-13所示，原型后肩省转移0.3cm到后领口作为领口松量，其余部分留作肩省；原型前片袖窿省留0.8cm作为袖窿松量，其余部分转到腰部。

后片胸围增加0.7cm，前片胸围减小0.7cm，前后袖窿下挖1cm，画顺袖窿，测量前后袖窿弧长之和为AH，前袖夹角为50°，后袖夹角为45°，袖山高为AH/3+1cm，袖口绘制成直角。前片的*A*点为肩点，*B*点位于原型袖窿上，根据款式图定位。

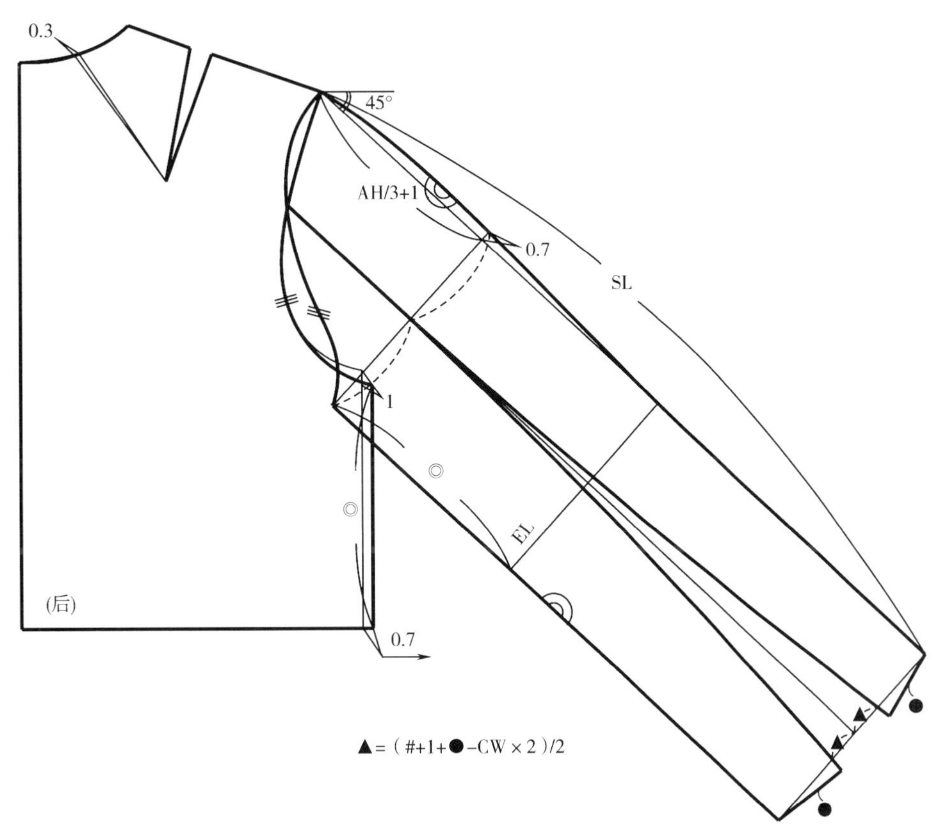

图7-2-12　后片结构图

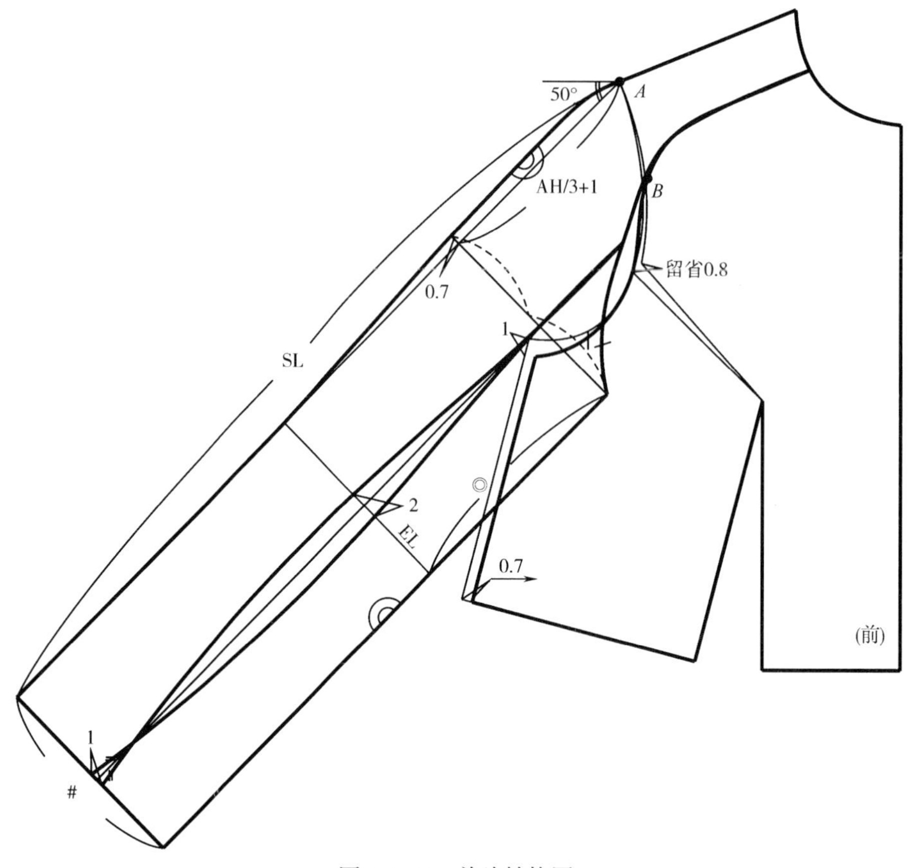

图7-2-13 前片结构图

袖子结构图如图7-2-14、图7-2-15所示。合并小袖，按袖中线合并大袖，并从A点沿袖窿弧线剪到B点。

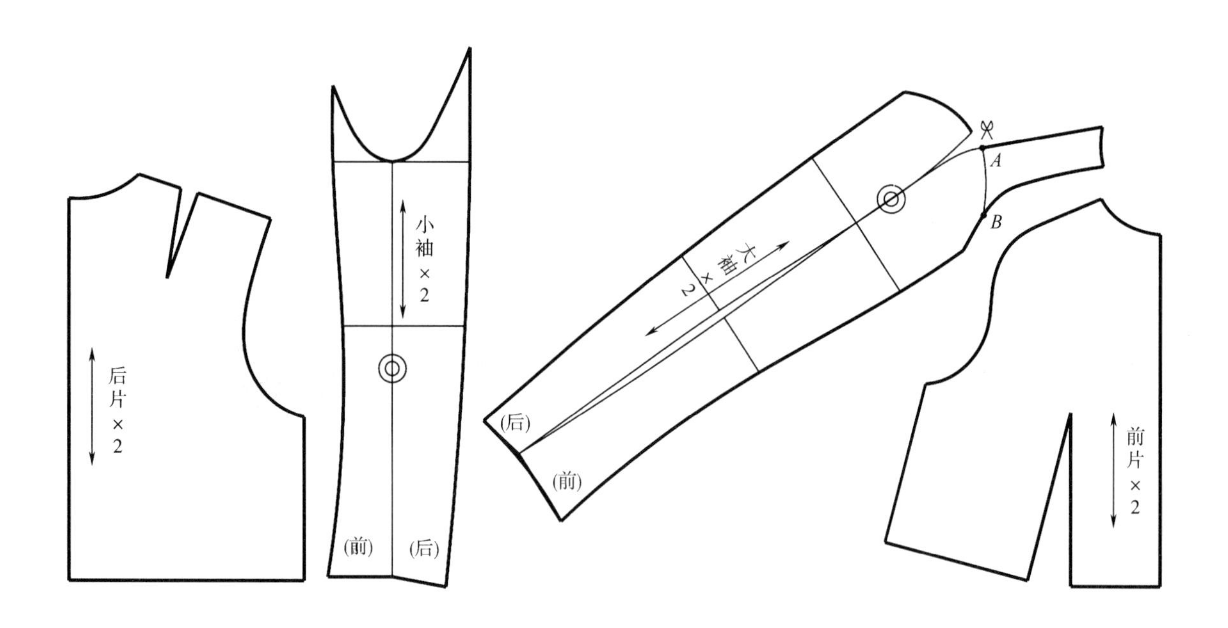

图7-2-14 小袖和大袖展开结构图

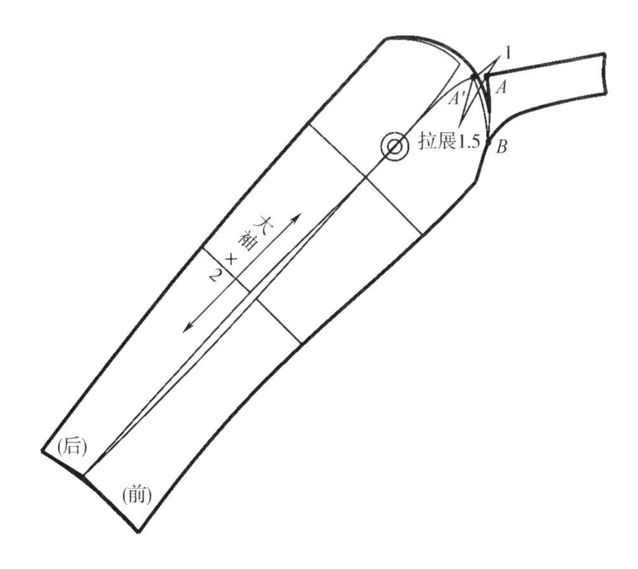

图7-2-15 大袖结构完成图

（三）白坯布样衣效果

如图7-2-16所示。

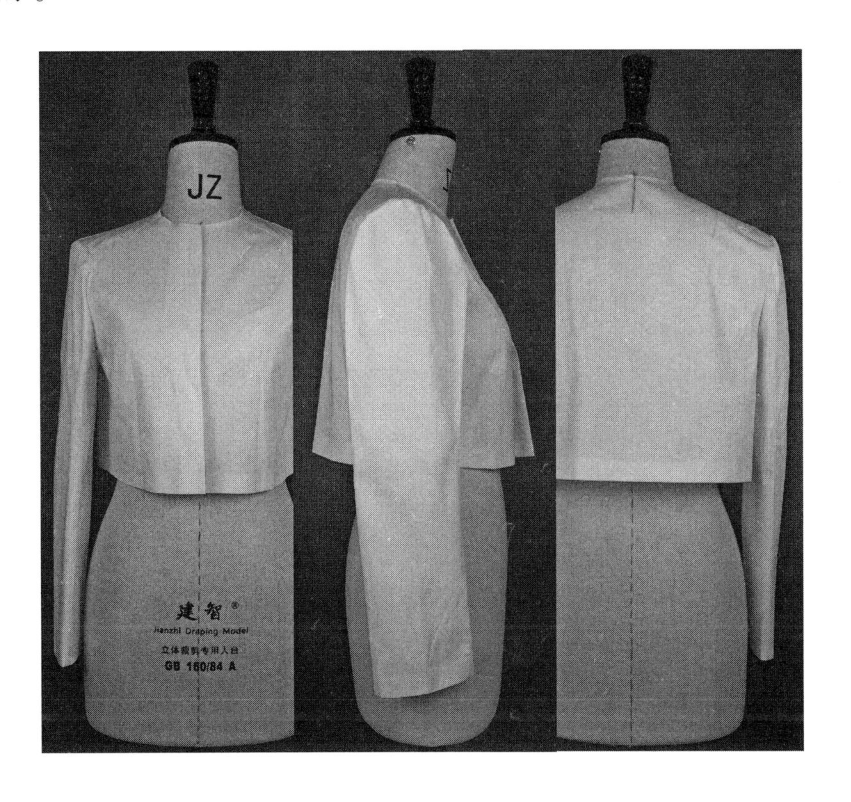

图7-2-16 白坯布样衣效果

四、案例4：落肩分割褶裥组合中袖（图7-2-17）

图7-2-17 落肩分割褶裥组合中袖

（一）规格设计（表7-2-4）

表7-2-4 规格表 单位：cm

160/84A	*B*	*S*	SL
人体尺寸	84	39.4	50.5
原型尺寸	96	39	—
服装尺寸	102.8	39	40

（二）制图要点

根据图7-2-17所示的款式，分析本款袖型为装袖与分割袖的组合，上半部分为分割袖结构，下半部分为装袖结构，是袖身下垂、腋下较平整、袖身偏直的七分袖。

前后片结构制图如图7-2-18、图7-2-19所示，原型前片袖窿省留0.8cm作为袖窿松量，其余部分转到腰部。原型后肩省转移0.3cm到后领口作为领口松量，其余部分留作肩省。

后片胸围增加3.4cm，前后袖窿下挖2cm，画顺袖窿，测量前后袖窿弧长之和为AH，前袖夹角为45°，后袖夹角为42.5°，袖山高为AH/3，袖口绘制成直角。

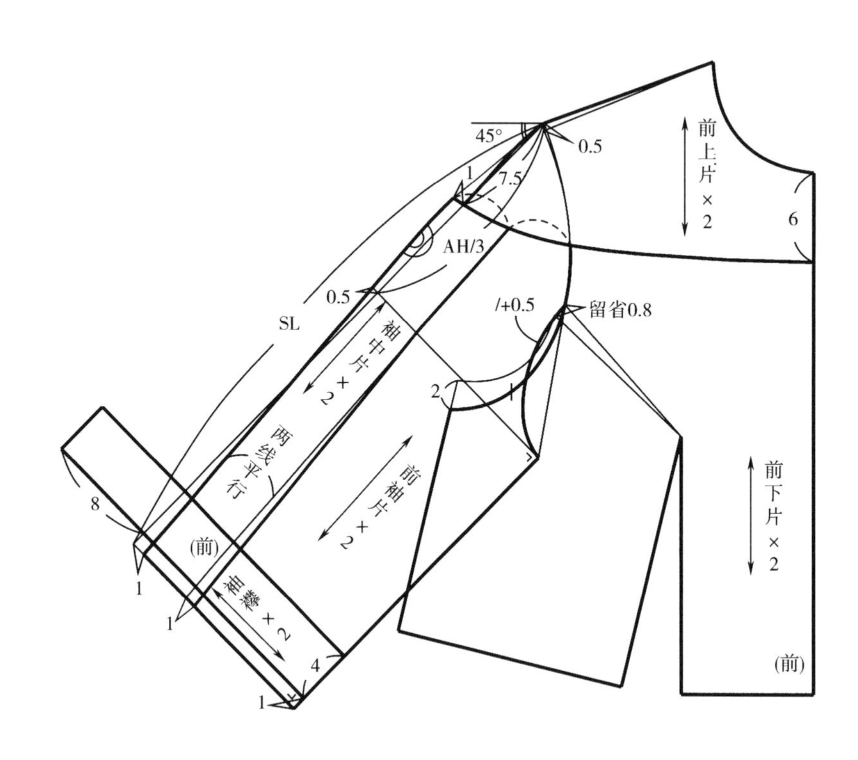

图7-2-18 前片结构图

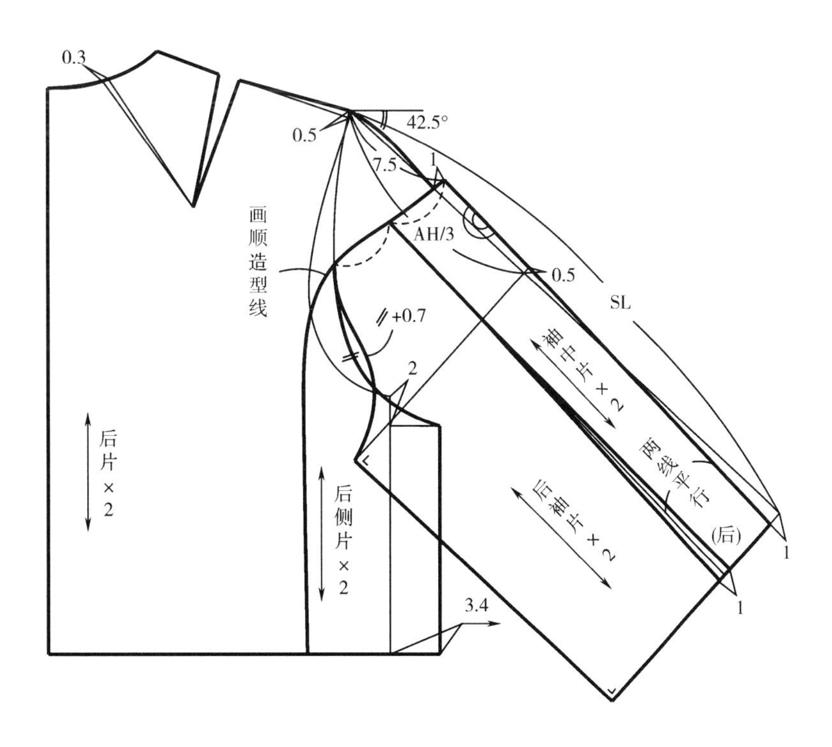

图7-2-19　后片结构图

袖中片完成结构图如图7-2-20所示，袖中片在袖山部分拉展6cm，画顺袖口。

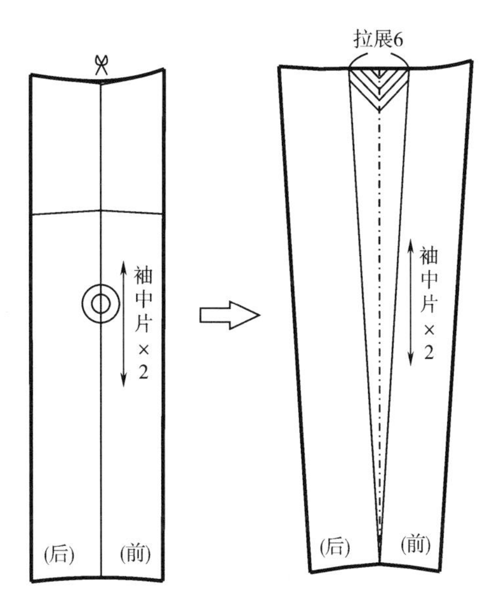

图7-2-20　袖中片结构完成图

（三）白坯布样衣效果

如图7-2-21所示。

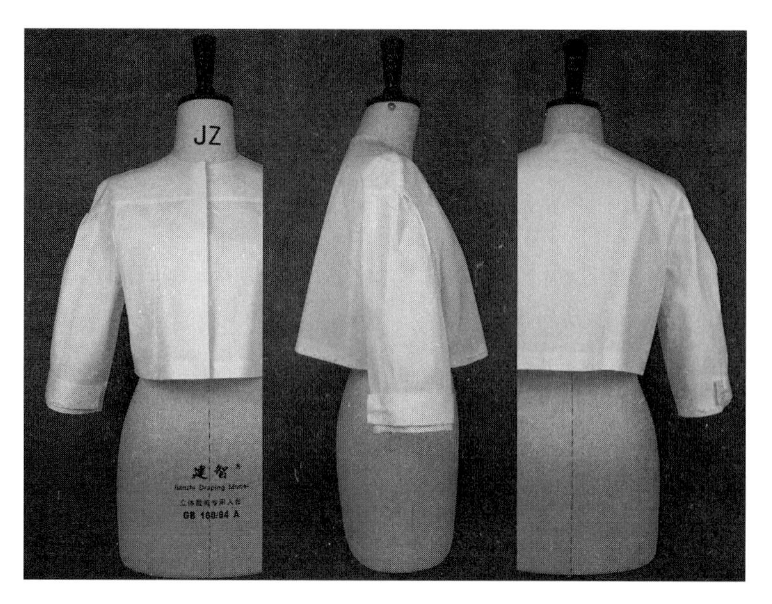

图7-2-21　白坯布样衣效果

参考文献

[1] 张文斌. 服装结构设计 [M]. 北京：中国纺织出版社，2010.

[2] 中泽愈. 人体与服装 [M]. 袁观洛，译. 北京：中国纺织出版社，2005.

[3] 三吉满智子. 服装造型学（理论篇）[M]. 郑峥，张浩，韩洁羽，译. 北京：中国纺织出版社，2006.

[4] 葛俊康. 袖子结构大全与原理 [M]. 上海：东华大学出版社，2003.

服装技术专业书

书名：图解服装裁剪与制板技术 · 袖型篇
作者：郭东梅　孙鑫磊
ISBN：978-7-5180-5709-2
定价：36.00

书名：图解服装裁剪与制板技术 · 领型篇
作者：王雪筠
ISBN：978-7-5180-0804-9
定价：32.00

书名：图解服装纸样设计：女装系列
作者：郭东梅（主编）
　　　严建云　童　敏（副主编）
ISBN：978-7-5180-1386-9
定价：38.00

书名：女装结构设计与应用
作者：尹　红（主编）
　　　金　枝　陈红珊　张植屹（副主编）
ISBN：978-7-5180-1385-2
定价：35.00

书名：针织服装结构与工艺
作者：金　枝（主编）
　　　王永荣　卜明锋　曾　霞（副主编）
ISBN：978-7-5180-1531-3
定价：38.00

书名：服装精确制板与工艺：棉服 · 羽绒服
作者：卜明锋　罗志根
ISBN：978-7-5180-3294-5
定价：49.80